Christian Ebert

Wärmedehnungsproblematik beim Fügen
unterschiedlicher Werkstoffe

TUD*press*

Dresdner Fügetechnische Berichte

Herausgeber: Prof. Dr.-Ing. habil. U. Füssel

Herausgeber: Prof. Dr.-Ing. habil. U. Füssel
Technische Universität Dresden
Professur Fügetechnik und Montage
01062 Dresden

Tel.:   0351 / 4633 4347
Fax: 0351 / 4633 7249

Christian Ebert

Wärmedehnungsproblematik beim Fügen unterschiedlicher Werkstoffe

TUDpress

2014

Bibliografische Information der Deutschen Bibliothek
Die Deutsche Bibliothek verzeichnet diese Publikation in der Deutschen
Nationalbibliografie; detaillierte bibliografische Daten sind im Internet unter
<http://dnb.ddb.de> abrufbar.

Bibliographic information published by Die Deutsche Bibliothek
Die Deutsche Bibliothek lists this publication in the Deutsche Nationalbibliografie; detailed bibliographic data is available in the Internet at
<http://dnb.ddb.de>

ISBN 978-3-944331-86-7

Zugl.: Dresden, Techn. Univ., Diss., 2014

© 2014 TUDpress
Verlag der Wissenschaften GmbH
Bergstr. 70 | 01069 Dresden
Tel.: 0351/47 96 97 20 | Fax: 0351/47 96 08 19
Satz und Redaktion: Christian Ebert
Der Inhalt des Werkes wurde sorgfältig erarbeitet. Dennoch übernehmen Autor
und Verleger für die Richtigkeit von Angaben, Hinweisen und Ratschlägen
sowie für eventuelle Druckfehler keine Haftung.
Printed in EU.

Wärmedehnungsproblematik beim Fügen unterschiedlicher Werkstoffe

Von der Fakultät Maschinenwesen

der

Technischen Universität Dresden

zur

Erlangung des akademischen Grades

Doktoringenieur (Dr.-Ing.)

angenommene Dissertation

Dipl.-Ing. Ebert, Christian

geb. am: 04.01.1978   in: Heidelberg

Tag der Einreichung: 19. Juni 2013

Tag der Verteidigung: 22. Juli 2014

Gutachter: Herr Prof. Dr.-Ing. habil. U. Füssel

Herr Prof. Dr.-Ing. habil. Dr. h.c. E. Beyer

Vorsitzender der Promotionskommission: Herr Prof. Dr.-Ing. habil. T. Schmidt

Die Ergebnisse, Meinungen und Schlüsse dieser Dissertation sind nicht notwendigerweise die der Audi AG

Vorwort

Die vorliegende Arbeit entstand neben meiner Tätigkeit in der Technologie-entwicklung Produktion der AUDI AG an der Technischen Universität Dresden, Fakultät Maschinenwesen am Institut für Fertigungstechnik.

Herrn Professor Dr.-Ing. habil. Uwe Füssel, Leiter der Professur Fügetechnik und Montage, am Institut für Fertigungstechnik an der Technischen Universität Dresden gebührt mein besonderer Dank für die Betreuung der Arbeit und die Übernahme des Referates. Vor allem möchte ich mich für das entgegengebrachte Engagement und die interessanten und anregenden Diskussionen bedanken, die für den Fortschritt der Arbeit stets fruchtbar waren.

Für die Übernahme des Koreferates danke ich Herrn Professor Dr.-Ing. habil. Eckard Beyer, Leiter der Professur für Laser- und Oberflächentechnik an der Technischen Universität Dresden.

Mein besonderer Dank gilt Herrn Dr.-Ing. Klaus Koglin, Leiter der Abteilung Technologieentwicklung Produktion, sowie Herrn Steffen Müller Leiter der Abteilung Fügen Leichtbau der Audi AG, das sie mir die Möglichkeit zur Anfertigung der Arbeit gegeben haben.

Mein Dank gilt auch meinen Kollegen und Mitarbeitern aus den Technikums-bereichen für die Unterstützung bei der experimentellen Ausführung der Versuche, sowie deren messtechnische Erfassung. Hervorzuheben sind hier Herr Peter Vogt, Herr Daniel Böhm und Herr Alexander Stock, welche durch Ihr besonderes Engagement zum Gelingen der Arbeit beigetragen haben.

Weiter möchte ich mich bei Herrn Jan Rothe, Fa. Alcan Technology & Management AG, für die Unterstützung durch die numerische Simulation bedanken.

Darüber hinaus möchte ich Herrn Matthias Gugisch für die stetige Motivation, die konstruktiven Diskussionen und die freundschaftliche Zusammenarbeit danken.

Abschließend möchte ich mich besonders bei meiner Frau Yvonne für die liebevolle Unterstützung und Motivation während der Erstellung der Arbeit bedanken.

Inhaltsverzeichnis

Abbildungsverzeichnis

Tabellenverzeichnis

Abkürzungsverzeichnis

Lateinische Buchstaben:

A	[mm²]	Querschnittsfläche eines Körpers
B	[N*mm]	Plattenbiegesteifigkeit
b	[mm]	Breite eines Körpers
DIN	[.]	Deutsches Institut für Normung e.V.
E	[N/mm²]	Elastizitätsmodul eines Werkstoffes bei Raumtemperatur
E(T)	[N/mm²]	Elastizitätsmodul eines Werkstoffes bei einer spezifischen Temperatur T
EN	[-]	Europäische Norm
F	[N]	Kraft in Richtung der Flächennormale
$F_{Verbund}$	[N]	Resultierende Kraft im Verbund unter Temperaturbelastung
FL	[-]	Fest-Lager
FDS	[-]	FlowDrillScrew
G	[N/mm²]	Schubmodul eines Werkstoffes
h	[mm]	Höhe eines Körpers
I	[mm⁴]	axiale Flächenmoment
k	[-]	Druckbeulwert
k_σ	[-]	Druckbeulwert unter Berücksichtigung der Lagerung
KTL	[-]	Kathodische-Tauch-Lackierung
L	[mm]	Länge eines Körpers
LL	[-]	Los-Lager
$L_{\ddot{U}}$	[mm]	Länge des bleibenden Überstandes zwischen den Füge-partnern nach dem thermischen Fügen
P	[W]	Laserleistung
p_{krit}	[N/mm²]	kritische Drucklast
R_m	[N/mm²]	Zugfestigkeit eines Werkstoffes
$R_{p0,2}$	[N/mm²]	Streckgrenze eines Werkstoffes
$R_{p0,2}(T)$	[N/mm²]	Streckgrenze eines Werkstoffes bei einer spezifischen Temperatur T
S	[N*mm]	Biegesteifigkeit

S	[J/m]	Streckenenergie
SF	[-]	Sicherheitsfaktor einer Konstruktion
Stauchung	[mm]	Resultierende Stauchung eines Bauteils im Verbund unter Temperaturbelastung
Streckung	[mm]	Resultierende Streckung eines Bauteils im Verbund unter Temperaturbelastung
T	[K]	Temperatur eines Körpers
TL	[-]	Technische Leitlinie
T4	[-]	Lösungsgeglüht und kaltausgelagert (DIN EN 515)
T6	[-]	Lösungsgeglüht und warmausgelagert (DIN EN 515)
U	[V]	elektrochem. Spannungspotential eines Werkstoffes
v	[m]	Bahngeschwindigkeit
W	[-]	Werkstoff

Griechische Buchstaben:

α	[1/K]	thermischer Ausdehnungskoeffizient
Δ	[-]	Differenz bzw. Unterschied einer Kenngröße
$\Delta\alpha$	[1/K]	Unterschied der Wärmeausdehnungskoeffizienten zweier Werkstoffe
Δl	[mm]	Längenänderungen eines Körpers
$\Delta l_{\ddot{u}}$	[mm]	Länge des Überstandes zwischen den Fügepartnern bei Prozesstemperatur
ΔT	[K]	Temperaturänderungen
ε	[-]	Dehnung
λ	[W/m*K]	Wärmeleitfähigkeit
v	[-]	Querkontraktionszahl
ρ	[g/cm³]	Dichte eines Werkstoffes
σ	[N/mm²]	mechanische Spannung
$\sigma_{Betrieb}$	[N/mm²]	mechanische Spannung durch den Betrieb hervorgerufen
$\sigma_{thermisch}$	[N/mm²]	mechanische Spannung durch thermischen Einfluss hervorgerufen
σ_{krit}	[N/mm²]	kritische mechanische Spannung

$\sigma_{krit}(T)$	[N/mm²]	kritische mechanische Spannung bei einer spezifischen Temperatur
σ_{zul}	[N/mm²]	zulässige mechanische Spannung
Ω	[-]	Krümmungsparameter

Chemische Symbole:

Al	Aluminium
AlSi	Aluminium-Silizium
C	Kohlenstoff
Fe	Eisen
Mg	Magnesium
O	Sauerstoff
Si	Silizium
V	Vanadium
Zn	Zink

1   EINLEITUNG

Die ressourcenschonende Herstellung von Produkten ist angesichts der Knappheit von Rohstoffen und Umweltgütern ein zunehmend wichtiger Wirtschaftsfaktor. Der ökonomische Umgang mit den begrenzten Vorräten an Rohstoffen und Energie ist auch ein wichtiger Baustein zur Sicherstellung einer zukunftsweisenden Mobilität. Die laufende CO_2-Diskussion zeigt unter welchem Druck unteranderem hierbei die Automobilindustrie steht. Kraftstoffverbrauch und der daraus resultierende CO_2-Ausstoß sind die Schwerpunkte dieser Diskussion. Die Automobilhersteller müssen die strengeren Vorschriften der Gesetzesgeber, insbesondere im Hinblick auf die Reduzierung von Abgasemissionen, sowie dem Verbrauch von Rohstoffen gerecht werden.

Die Effizienz eines Fahrzeuges kann vorwiegend durch die Optimierung des Rollwiderstandes, der Antriebskonzepte, der Aerodynamik und des Gewichtes beeinflusst werden. Über aktuelle Maßnahmen, wie Start-Stopp-Automatik, verbesserte Aerodynamik und Leichtlaufreifen kann der Kraftstoffverbrauch nur geringfügig reduziert werden. Ein weiterer Faktor zur Steigerung der Effizienz, kann über den Fahrer erzielt werden. Durch das individuelle Fahrverhalten wird maßgeblich der Kraftstoffverbrauch beeinflusst /17/.

Einen wesentlich größeren Einflussfaktor auf den Kraftstoffverbrauch und den daraus resultierenden CO_2-Ausstoß hat das Fahrzeuggewicht. Im Rahmen des gesteigerten Bestrebens nach Energie- und Rohstoffeinsparung im Automobilbau spielt der Einsatz von Alternativwerkstoffen wie z.B. Leichtmetallen eine immer größer werdende Rolle.

Der derzeitige Trend der Verbesserung des Wirkungsgrades bei den Fahrzeugantrieben wird vor allem in höhere Motorleistung umgesetzt und zunehmende Komfort- und Sicherheitsansprüche, die zu einem höheren Fahrzeuggewicht führen, sind im Hinblick auf die CO_2-Emissionsminderung kontraproduktiv. Diesem Trend muss in Zukunft wirksam begegnet werden.

2 MOTIVATION

Der Treibstoffverbrauch wird in hohem Maße durch die Massenbeschleunigung bestimmt. Insbesondere im Stadtverkehr erreicht das Fahrzeuggewicht den gleichen Stellenwert wie Antriebs-, Luft- und Rollwiderstand gemeinsam /4/. Dieser Zusammenhang zeigt, dass eine Gewichtsreduzierung das größte Potential zur Verringerung des Kraftstoffverbrauches birgt.

2.1 Leichtbauanforderungen im Automobilbau

Die Anforderungen, welche an heutige Fahrzeuge gestellt werden, sind ambivalent. So führen beispielsweise die steigenden Sicherheitsanforderungen, wie Fußgängerschutzmaßnahmen, zu einer Gewichtszunahme, während gleichzeitig eine Reduzierung des Kraftstoffverbrauches angestrebt wird, s. Abbildung 2-1.

Abbildung 2-1: Gründe für den Leichtbau /1/

Um das gegenläufige Zusammenspiel und der daraus resultierenden Gewichtsspirale entgegenzuwirken, sind gewichtsreduzierende Maßnahmen erforderlich.

Ein großes Potenzial zur Verringerung des Fahrzeuggewichtes liegt im Karosseriebau /5; 6/. Etwa ein Drittel des späteren Gesamtgewichtes von konventionell gefertigten Stahl-Fahrzeugen, wird durch die Karosserie bestimmt /4/.

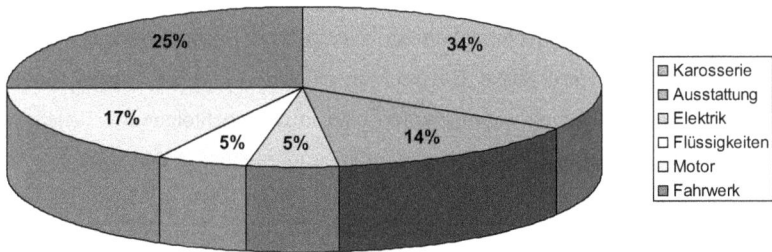

Abbildung 2-2: Gewichtsanteile der Fahrzeugmodule /1/

Auf Grund dieser Erkenntnis ist der intelligente Mischbau in der Karosseriestruktur ein wichtiger Erfolgsfaktor für zukünftige Fahrzeugprojekte. Da Vollaluminiumkarossen kostenintensiv sind und reine Stahlkonzepte den Leichtbauanforderungen nicht in entsprechendem Maße nachkommen, ist der bedarfsgerechte Einsatz unterschiedlicher Werkstoffe für ein funktionsoptimiertes Karosseriekonzept in Leichtbauweise notwendig /4- 6/.

Unter den Begriffen „Multi-Material-Design" oder „Multi-Material-Mix" werden Karosseriekonzepte betrachtet, die gegenüber den modernen Stahl- bzw. Aluminium-Monobauweisen durch einen Materialmix gekennzeichnet sind /3; 8/. Während sich bei Mischkonzepten auf Stahlbasis die Verwendung von Aluminium bisher auf die sogenannten „Hang on"-Teile wie z.B. Motorhaube, Kofferraumdeckel, Türen und Kotflügel fokussierte /7; 9/, ist es Zielsetzung aktueller Konstruktionen den Werkstoff Aluminium ebenfalls in der Stahl-Struktur selbst einzusetzen.

Dieses Vorgehen ermöglicht es für jedes Bauteil den optimalen Werkstoff unter funktionalen und wirtschaftlichen Gesichtspunkten zu ermitteln /5; 6/ und einzusetzen. Solche durch die Konstruktion avisierten Mischbauweisen bedeuten durch das Zusammentreffen der unterschiedlichsten Materialien in der Fügezone, sowie deren unterschiedlichen werkstoffspezifischen Eigenschaften, eine Herausforderung für die Fügetechnik /2/.

2.2   Werkstoffe aktueller Konstruktionen

Eine Vielzahl an Werkstoffen ist auf dem Markt verfügbar, jedoch nicht alle Materialien sind aufgrund z.b. Material-, Verarbeitungseigenschaften, etc. für neue Konstruktionen von Interesse. Neben den metallischen Werkstoffen wie Eisen- und Nicht-Eisen-Metalle spielen auch Kunststoffe und Faserverbundwerkstoffe eine immer bedeutendere Rolle. Die wichtigsten Werkstoffe und deren für die $\Delta\alpha$-Problematik relevanten Eigenschaften sind in der nachfolgenden Tabelle aufgeführt. Die genannten Materialien sind nach abnehmender Dichte sortiert.

Werkstoff	Wärmeausdehnungs-koeffizient α	E-Modul	Dichte ρ	Elektrochemisches Spannungspotential
Stahl	$11{,}7 * 10^{-6} * 1/K$	210.000 N/mm²	$7{,}87$ g/cm³	$-0{,}440$ V
Aluminium	$23{,}5 * 10^{-6} * 1/K$	70.000 N/mm²	$2{,}70$ g/cm³	$-1{,}660$ V
Glas-Faser (in Längsrichtung)	$5{,}1 * 10^{-6} * 1/K$	73.000 N/mm²	$2{,}54$ g/cm³	$0{,}000$ V
Magnesium	$26{,}0 * 10^{-6} * 1/K$	45.000 N/mm²	$1{,}80$ g/cm³	$-2{,}372$ V
Kohlenstoff-Faser (in Längsrichtung)	$-0{,}5 * 10^{-6} * 1/K$	230.000 N/mm²	$1{,}74$ g/cm³	$0{,}750$ V
Aramid-Faser (in Längsrichtung)	$-2{,}0 * 10^{-6} * 1/K$	67.000 N/mm²	$1{,}44$ g/cm³	$0{,}000$ V
Polyamid (PA 6)	$70{,}0 * 10^{-6} * 1/K$	3.000 N/mm²	$1{,}14$ g/cm³	$0{,}000$ V
Polypropylen (PP)	$160{,}0 * 10^{-6} * 1/K$	1.300 N/mm²	$0{,}91$ g/cm³	$0{,}000$ V

Abbildung 2-3: Werkstoffübersicht und deren Eigenschaften /14-16; 65/

In den nachfolgenden Abschnitten werden die physikalischen Eigenschaften und deren Einfluss auf eine konstruktive Umsetzung näher betrachtet.

2.2.1   Werkstoffabhängiges Leichtbaupotential

Das Leichtbaupotential von Alternativwerkstoffen gegenüber Stahl ist durch deren mechanischen Eigenschaften bestimmt. Hierunter wird das unter Erfüllung vergleichbarer technologischer Eigenschaften reduzierbarer Bauteilgewicht durch Werkstoffsubstitution verstanden.

Wird eine einfache Balkenstruktur unter der Voraussetzung gleicher Steifigkeit betrachtet, kann das durch den Werkstoff erzielbare Leichtbaupotential ermittelt werden.

Die allgemeine Biegesteifigkeit /54/ des Balkens ist durch die Beziehung

$$S = \frac{E \times I}{b} \tag{1}$$

beschrieben. Mit dem axialen Flächenmoment für rechteckige Querschnitte /54/

$$I = \frac{b \times h^3}{12} \tag{2}$$

kann die Biegesteifigkeit des Balkens wie folgt errechnet werden:

$$S = \frac{E \times b \times h^3}{12}. \tag{3}$$

Wird für das Referenzbauteil der Werkstoff Stahl gesetzt, kann über Variation der Werkstoffe unter gleicher Steifigkeitsanforderung die relativ erzielbare Gewichtsreduzierung ermittelt werden. Nachfolgend ist das Ergebnis dieser Betrachtung dargestellt.

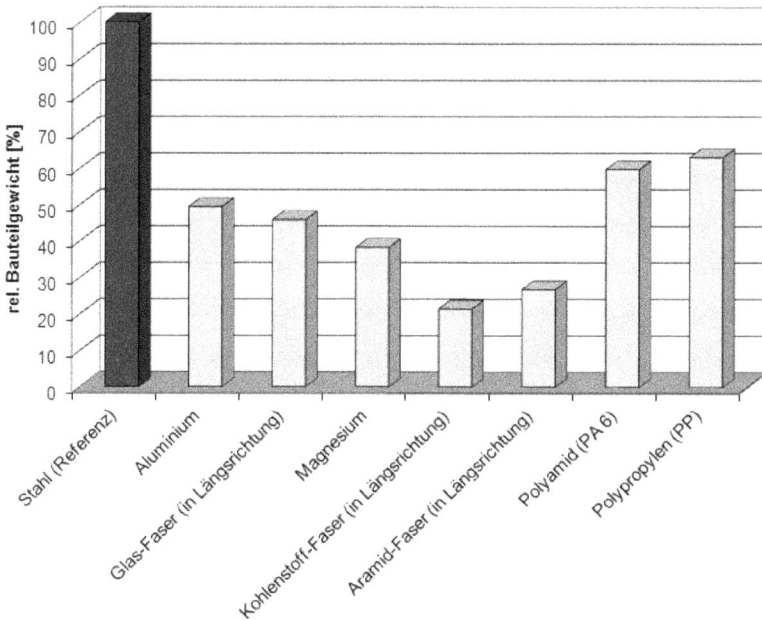

Abbildung 2-4: Werkstoffbedingtes Gewicht bei gleicher Bauteilsteifigkeit

2.2.2 Werkstoffspezifische Wärmeausdehnung

Neben dem beschriebenen Leichtbaupotential ist die Wärmedehnung in Misch-
konstruktionen zu beachten. Wird in einer Stahl-Konstruktion ein Bauteil durch
einen anderen Werkstoff substituiert, können im Rahmen der Herstellprozesse
oder aber auch im späteren Betrieb Spannungen durch unterschiedliche Wärmeausdehnungen resultieren, welche bis zum Versagen der Komponenten führen
können.

In nachfolgender Abbildung 2-5 sind die Ausdehnungskoeffizienten der genannten
Werkstoffe gegenüber Stahl dargestellt.

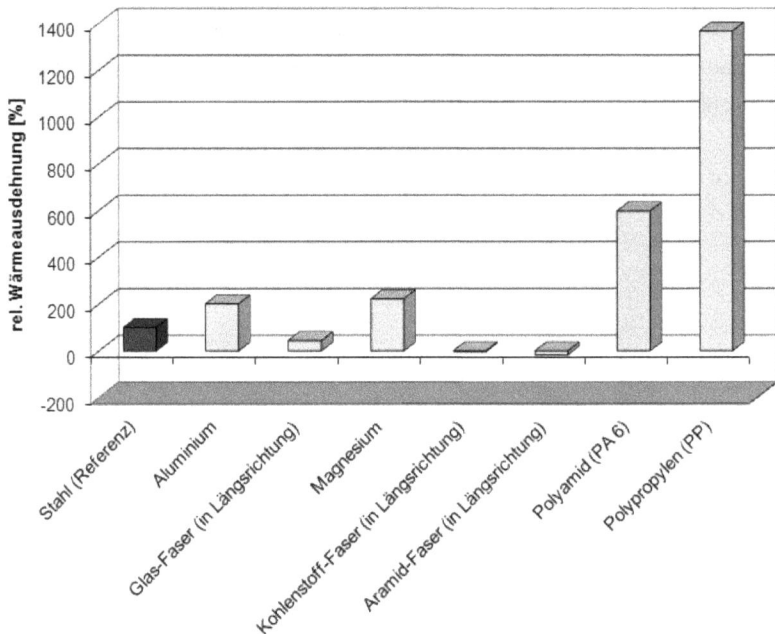

Abbildung 2-5: Vergleich werkstoffabhängiger Wärmeausdehnungskoeffizienten

Aufgrund der zum Teil deutlichen Unterschiede im thermischen Ausdehnungsver-
halten zu dem Referenzmaterial Stahl ist im Falle einer Werkstoffsubstitution eine

genauere Betrachtung erforderlich um die Funktionsfähigkeit einer Konstruktion über den Produktentstehungs- und Lebenszyklus sicherstellen zu können.

2.2.3 Korrosion

Stehen zwei Werkstoffe mit unterschiedlichem elektrochemischen Spannungspotential, in Anwesenheit eines Elektrolyten in Kontakt, führt dies aufgrund des Potentialunterschiedes zu Korrosion. Verallgemeinert aus /66/ ist Korrosion wie folgt definiert:

„Korrosion, ist die Reaktion eines Werkstoffes mit seiner Umgebung, die eine messbare Veränderung des Werkstoffes bewirkt und zu einer Beeinträchtigung der Funktion eines Bauteils oder Systems führen kann [...].“

Da diese Problematik nicht Schwerpunkt der vorliegenden Arbeit ist, sei an dieser Stelle nur darauf verwiesen das zur Sicherstellung der Bauteilfunktion geeignete Korrosionsschutzvorkehrungen zu treffen sind /31/.

2.3 Temperaturbelastungen im Lebenszyklus

Die Temperatur, welche ein Bauteil bzw. deren Komponenten über den gesamten Lebenszyklus unterliegt, beeinflusst direkt die mögliche Umsetzung einer Mischverbindung und ist bei der Auslegung zu berücksichtigen. Am Beispiel des Automobilbaues kann in zwei Temperaturbeanspruchungen unterschieden werden:

- Temperaturbelastung im Herstellprozess, z.B. Lackdurchlauf
- Temperaturbelastung im Betrieb

Diese werden nachfolgend detailliert.

2.3.1 Temperaturen im Herstellprozess am Bsp. Lackiererei

Ausgehend von einer fertig gestellten Karosserie, durchläuft diese im Rahmen der Lackierung unterschiedliche Prozesse. Hieraus resultieren verschiedene Temperaturbelastungen auf die Komponenten und deren zugehörige Fügeverbindung. In nachfolgender Darstellung sind die einzelnen Prozessschritte und die erforderlichen Temperaturniveaus am Beispiel der Prozesskette Lackiererei im Automobilbau aufgeführt /31/:

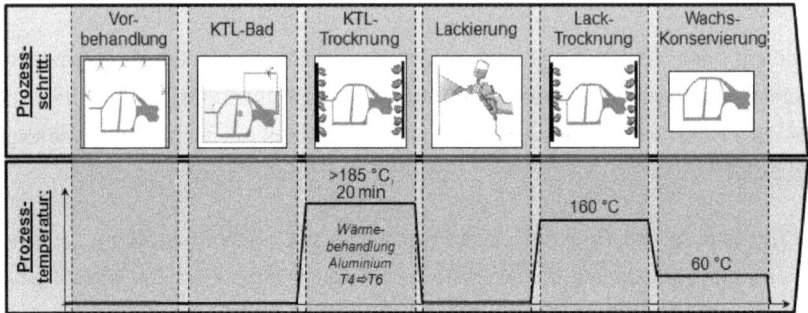

Abbildung 2-6: Prozesskette Lackiererei im Automobilbau

Anhand Abbildung 2-6 erfolgt die kritische Temperaturbeaufschlagung in der KTL-Trocknung, gefolgt von der Lack-Trocknung. Ein Herabsetzen der Temperaturen ist nicht möglich, da diese auch z.B. für die Einstellung der mechanischen Kennwerte, im Sinne einer Auslagerung, von den Aluminiumkomponenten erforderlich sind /30/.

Neben den Temperaturen im Herstellprozess, sind bei einer Mischverbindung auch die Rahmenbedingungen im späteren Betrieb zu berücksichtigen.

2.3.2 Betriebstemperaturen

Im normalen Betrieb eines Kraftfahrzeuges sind verschiedene Temperaturniveaus zu beachten. In Abhängigkeit von Farbe und Umgebung, kann es zu Aufheizungen in der Außenhaut von bis zu 80 °C kommen /31; 61/. Aus dieser Erkenntnis werden für Absicherungen von Fahrzeugen der Temperaturbereich von -40 °C bis +100 °C angenommen.

2.4 Thermische Längenausdehnung bei fester Einspannung

Die Eigenschaft eines Werkstoffes unter Temperaturänderung (Erwärmung bzw. Abkühlung) die geometrischen Ausmaße zu verändern (Ausdehnung bzw. Schrumpfung) wird durch den Wärmeausdehnungskoeffizienten α beschrieben.

Werden Werkstoffe unterschiedlicher Ausdehnungskoeffizienten miteinander gefügt, kann dies im Falle einer thermischen Belastung zu Spannungen in den Fügepartnern führen. Um diese ermitteln zu können, wird nachfolgend die Problematik hergeleitet.

Im ersten Schritt werden zwei Bauteile unterschiedlicher Werkstoffe betrachtet, welche nicht miteinander verbunden sind. Die resultierende Längenänderung wird nachfolgend dargestellt.

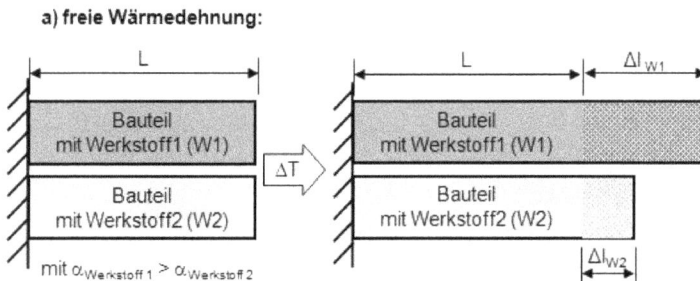

Abbildung 2-7: Freie thermische Längenänderung zweier einzelner Werkstoffe

Über die Formel der linearen Wärmeausdehnung /24; 54/ kann die temperaturabhängige freie thermische Ausdehnung ermittelt werden. Folglich errechnen sich die Längenänderungen zu

$$\Delta l_{W1} = L \times \alpha_{W1} \times \Delta T \text{ und } \Delta l_{W2} = L \times \alpha_{W2} \times \Delta T. \qquad (4; 5)$$

Im Weiteren wird das Verhalten eines Mischverbundes der Bauteile betrachtet. Unter der Annahme dass die Verbindung als starr betrachtet wird, stellt sich für beide Bauteile unter Erwärmung die gleiche Länge ein. In Abhängigkeit der Werkstoffdaten und der Steifigkeitskennwerte der Bauteile resultiert eine Zwangs-schrumpfung bzw. –dehnung der Komponenten.

In nachfolgender Abbildung ist der beispielhaft die thermische Änderung sowie die sich einstellende Länge abgebildet.

b) gehemmte Wärmedehnung:

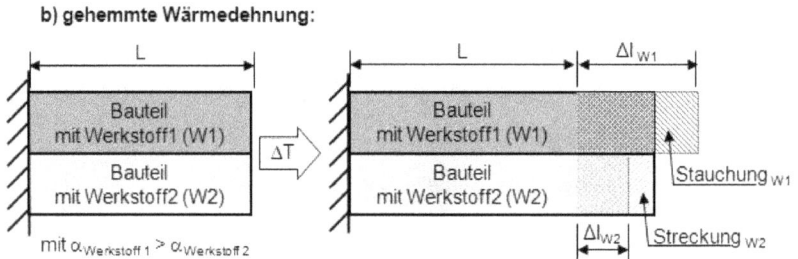

Abbildung 2-8: Gehemmte thermische Längenänderung gefügter Werkstoffe

Aus obiger Darstellung können die nachfolgenden Zusammenhänge abgeleitet werden:

$$\Delta l_{W1} - Stauchung_{W1} = \Delta l_{W2} + Streckung_{W2} \qquad (6)$$

Unter Verwendung der linearen Wärmeausdehnung (4; 5) für die beiden Bauteile ergibt sich

$$L \times \alpha_{W1} \times \Delta T - Stauchung_{W1} = L \times \alpha_{W2} \times \Delta T + Streckung_{W2} \qquad (7)$$

Das Hook´sche Gesetzes /24; 54; 61/ beschreibt das linear-elastische Verhalten von Werkstoffen mathematisch zu

$$\sigma = \varepsilon \times E = \frac{\Delta l}{L} \times E = \frac{F}{A} \ . \qquad (8)$$

Über die Auflösung nach der Längenänderung Δl errechnet sich die Stauchung von Bauteil W_1 zu

$$Stauchung_{W1} = \frac{\sigma_{W1} \times (L + \Delta l_{W1})}{E_{W1}} \qquad (9)$$

und die Streckung von Bauteil W$_2$ zu

$$Streckung_{W2} = \frac{\sigma_{W2} \times (L + \Delta l_{W2})}{E_{W2}} \ . \tag{10}$$

Aufgrund der Gleichgewichtsbedingung, der Zustand eines Körpers oder eines gekoppelten Systems von Körpern, in dem sich alle angreifenden, aus Bewegung, Trägheit, Reibung und externen Einflüssen resultierenden Kräfte beziehungsweise Drehmomente gegenseitig aufheben, hebt sich die Summe aller wirkenden Kräfte auf. Um dieser Bedingung gerecht zu werden, kann die resultierende Kraft in beiden Fügepartnern als identisch angenommen werden. Somit ergibt sich unter Verwendung von (8) als resultierende Kraft im Fügeverbund:

$$F_{Verbund} = \frac{Streckung_{W2} \times E_{W2} \times A_{W2}}{(L + \Delta l_{W2})} = \frac{Stauchung_{W1} \times E_{W1} \times A_{W1}}{(L + \Delta l_{W1})} \ . \tag{11}$$

Das Verhältnis der Stauchung$_{W1}$ zur Streckung$_{W2}$ ermittelt sich hieraus wie folgt:

$$\frac{Stauchung_{W1}}{Streckung_{W2}} = \frac{E_{W2} \times A_{W2} \times (L + \Delta l_{W1})}{E_{W1} \times A_{W1} \times (L + \Delta l_{W2})} \tag{12}$$

In Abbildung 2-9 sind beispielhaft die Wärme-Dehnungen von Stahl und Aluminium, sowie eines Stahl-Aluminium-Verbundes aufgetragen. Des Weiteren sind die in der Aluminium-Komponente resultierenden Spannungen durch die Zwangsschrumpfung dargestellt.

Die berücksichtigten thermischen Längenänderungen Δl_{W1} und Δl_{W2} sind im Vergleich zur Gesamtlänge L gering und werden für die weitere Betrachtung vernachlässigt. Somit ergibt sich mit der Gleichung (7) und gleichzeitiger Substitution mit den Gleichungen (8-10) folgende Kraft innerhalb eines Misch-Verbundes:

$$F_{Verbund} = \frac{\Delta T \times (\alpha_{W1} - \alpha_{W2}) \times (A_{W1} \times E_{W1}) \times (A_{W2} \times E_{W2})}{(A_{W1} \times E_{W1}) + (A_{W2} \times E_{W2})} \ . \tag{13}$$

Die aus den unterschiedlichen Ausdehnungskoeffizienten resultierende Kraft innerhalb des Mischverbundes ist unabhängig von der Länge der Fügepartner. Sie wird insbesondere durch die Temperatur, mit welcher die eingesetzten Werkstoffe beaufschlagt werden, sowie durch die geometrische Ausbildung der Fügepartner,

wie z.B. Abkantungen und Bauteilsicken, bestimmt. Auf diese Einflussgrößen wird
nachfolgend näher eingegangen.

Daten des Versuchskörpers:

Länge: 1500 mm

Querschnitt Aluminium: 1,15 x 295 mm

Querschnitt Stahl: 0,8 x 321 mm

Geometrie des Versuchskörpers:

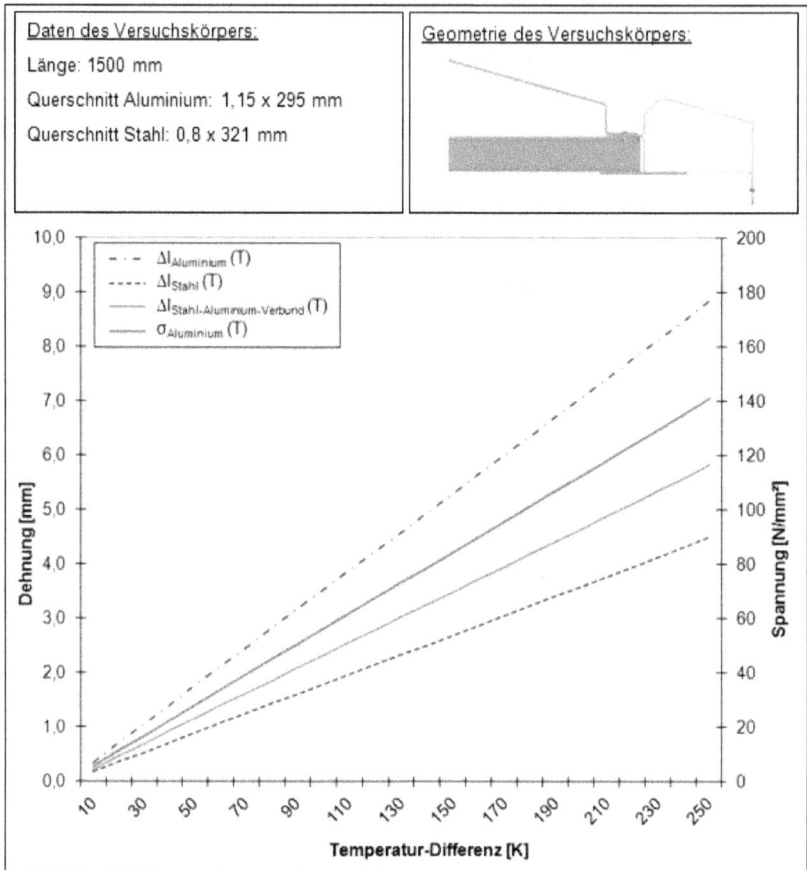

Abbildung 2-9: Temperaturbedingte Dehnungen und Spannungen im St-Al-Verbund

2.5 Konstruktive Anforderungen

Insbesondere der Einsatz von Aluminiumlegierungen gewinnt durch das hohe Leichtbaupotential bei beherrschbaren Kosten und auf Grund der positiven Verarbeitungs- und Gebrauchseigenschaften, wie

- Hohe Festigkeit
- Gute Umformbarkeit
- Schweiß- und Lötbarkeit
- Korrosionsbeständigkeit
- Gute Wärmeleitfähigkeit

immer mehr an Bedeutung im Karosserieleichtbau /11/.

Mechanische Fügeverfahren, wie z.B. Clinchen, Nieten, oder Schrauben, teilweise in Kombination mit Klebstoff, werden in vielen Automobilprojekten für Stahl-Aluminium-Hybridverbindungen bereits erfolgreich eingesetzt /4/. Diese Anwendungen befinden sich aber in Bereichen der Karosserie, wo mögliche plastische Deformationen auf Grund der unterschiedlichen Längenausdehnungen akzeptiert werden.

Thermische Verfahren hingegen können durch die lineare Anbindung auch im Außenhautbereich zum Einsatz kommen. So werden diese bereits bei den Monobauweisen zum Fügen von Al-Al bzw. St-St-Verbindungen im Sichtbereich eingesetzt. Typische Anwendungsbeispiele sind zweiteilige Heckklappen oder auch das Einbringen des Daches in die Karosseriestruktur /1/.

Großes Interesse besteht darin, die Dachhaut einer Stahlkarosserie durch den Werkstoff Aluminium zu substituieren. Diese Maßnahme hat zwei Vorteile; zum einen kann das Einsatzgewichtes des Daches um bis zu 45% verringert werden und zum anderen wird die Fahrdynamik des Fahrzeuges durch den resultierenden niedrigeren Schwerpunkt positiv beeinflusst.

Die konstruktiven Randbedingungen, sowie die thermische Belastung der Bauteile führen aufgrund der ungleichen Wärmedehnungen zu einer hohen Belastung der eingesetzten Fügeverbindung. Dies kann unter Umständen zum Versagen der Verbindung führen.

Abbildung 2-10 zeigt das Nietversagen am Beispiel einer Misch-Verbindung aufgrund erhöhter mechanischer Spannungen während der Lack-Temperaturen oberhalb von 185 °C. In dem gezeigten Anwendungsfall, ist die Scherspannung aufgrund der unterschiedlichen Wärmeausdehnung jedoch alleinig nicht maßgebend, da diese geringer als die zulässige Beanspruchbarkeit des Nietes ist. Dennoch hat es an einzelnen Fügestellen zum Versagen der Verbindung geführt, welches auf zwei Ursachen zurückgeführt werden konnte.

Zum Einen haben die Niete aufgrund des Umformprozess beim Fügen einer spezifischen Stahl-Aluminium-Kombination bereits eine Schwächung erfahren. Zum Anderen spielten die geometrischen Rahmenbedingungen an den Versagenspunkten eine entscheidende Rolle. Aus lokalen Verprägungen in den Fügeteilen folgten Änderungen im Kraftfluss, wodurch die Scherspannung an einzelnen Nieten in vollem Umfang zum Tragen kam. Das Zusammentreffen beider Effekte in Kombination mit der aus der Wärmedehnung resultierenden Scherspannung führte zum Nietabriss.

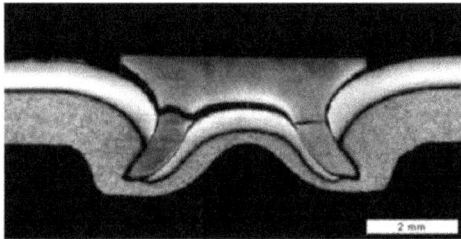

Abbildung 2-10: Nietversagen einer Mischverbindung

Ein weiteres Beispiel zeigt das Versagen einer Klebeverbindung an zwei ungleichen Werkstoffen in Abbildung 2-11. Auch in diesem Fall war die Auslegung der Fügestelle lediglich auf den im Betrieb auftretenden Lastfall ausgelegt. Die aufgrund thermischer Lacktrocknungsprozesse im Rahmen der Herstellung auftretenden Spannungen, welche aus den unterschiedlichen Wärmeausdehnungen resultieren, waren in der Auslegung nicht berücksichtigt. Die Folge war ein Versagen bereits in der Herstellung.

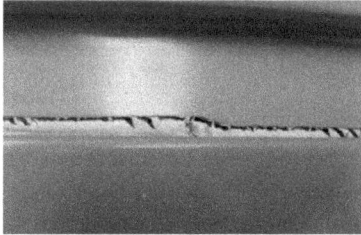

Abbildung 2-11: Versagen des Klebgutes aufgrund thermischer Spannungen

Diese Beispiele zeigen das für die Auslegung von Verbindungsstellen es nicht ausreichend ist die einzelnen Belastungsfälle zu betrachten, sondern vielmehr eine ganzheitliche Betrachtung über die Prozesskette erforderlich ist.

Um zukünftig auch bei Karosseriestrukturen prozesssicher Mischbau betreiben zu können, sind die Entwicklung neuer Fügeverfahren und -methoden, sowie grundlegende Untersuchungen auch im Hinblick auf die konstruktive Gestaltung von Mischverbindungen erforderlich.

3 ANSÄTZE IN DER TECHNIK

Die Problematik unterschiedlicher physikalischer Eigenschaften wie z.B. Wärmeausdehnung und -leitung im Verbund verschiedener Werkstoffe stellt sowohl die Fügetechniker als auch die Konstrukteure vor große Herausforderungen. Die Mischbauweise, d.h. die Kombination verschiedener Werkstoffe zur Erzielung eines funktions- und gewichtsoptimierten Ergebnisses, wird in den unterschiedlichsten Bereichen bereits realisiert. Zur Beherrschung der aufgrund unterschiedlicher Ausdehnungskoeffizienten resultierenden Wärmespannung werden verschiedene Lösungen umgesetzt, welche im nachfolgend näher erläutert werden.

3.1 Lösungen bei unterschiedlichen Wärmeausdehnungen

Zur Lösung der Problematik thermischer Spannungen im Mischverbund gilt es die in Abschnitt 2.4 getroffene Herleitung für die Kraft im Verbund näher zu betrachten und die Stellgrößen herauszuarbeiten. Nachfolgend werden Lösungswege aufgezeigt die der genannten Forderung gerecht werden.

Abbildung 2-7 zeigt dass eine freie Wärmedehnung die werkstoffspezifischen Längenänderungen zulässt und somit auch unter Temperaturbelastung einen spannungsfreien Zustand ermöglicht. Unter Betrachtung von Formel (11) kann unter Berücksichtigung einer freien Wärmedehnung $Streckung_{W2} = Stauchung_{W1} = 0$ die Kraft im Verbund und die daraus resultierende Zug- bzw. Druckspannung vermieden werden:

$$F_{Verbund} = \frac{Streckung_{W2} \times E_{W2} \times A_{W2}}{(L + \Delta l_{W2})} = \frac{Stauchung_{W1} \times E_{W1} \times A_{W1}}{(L + \Delta l_{W1})} = 0 \qquad (14)$$

Folglich ist ein Lösungsansatz für die Problematik die Realisierung eines Längenausgleiches zwischen beiden Fügepartnern.

Ein weiterer Ansatz kann über die werkstoffspezifischen Wärmeausdehnungskoeffizienten getroffen werden. Mit $(\alpha_{W1} - \alpha_{W2}) \to 0$, folgt

$$F_{Verbund} = \frac{\Delta T \times (\alpha_{W1} - \alpha_{W2}) \times (A_{W1} \times E_{W1}) \times (A_{W2} \times E_{W2})}{(A_{W1} \times E_{W1}) + (A_{W2} \times E_{W2})} \to 0 \ . \qquad (15)$$

Dieser Ansatz kann über eine geeignete Werkstoffkombination, aber auch durch den Einsatz von Zwischenschichten erfüllt werden.

Kann aufgrund gegebener Randbedingungen keine der genannten Ansätze umgesetzt werden, ist ein weiterer Lösungsweg die konstruktive Auslegung welche die Aufnahme der auftretenden Kräfte und Spannungen ermöglicht.

Auf Basis der theoretischen Betrachtung können drei Grundprinzipien zur Beherrschung der Wärmeausdehnungen im Mischverbund herangezogen werden:

- Realisierung eines Längenausgleiches
- Spannungsabbau über Werkstoffauswahl
- Aufnahme von Spannungen im Verbund

Die verschiedenen Möglichkeiten, zum Umgang mit unterschiedlichen Wärmeausdehnungskoeffizienten im Verbund werden nachfolgend anhand von Praxisbeispielen aus unterschiedlichen Bereichen dargestellt.

3.1.1 Längenausgleich durch geometrische Gestaltung

Durch eine entsprechende geometrische Gestaltung, können Spannungen durch unterschiedliche Wärmeausdehnungen ausgeglichen werden. Diese Technik hat sich im Bereich der Installation von Heizungsrohrleitungen etabliert. Das Maß der Wärmedehnung ist abhängig vom eingesetzten Werkstoff, von der Temperaturdifferenz und der Länge des Rohrabschnitts, ist jedoch unabhängig vom Rohrdurchmesser. Die resultierende Dehnung der Rohre wird bei kurzen Leitungsabschnitten durch eine geeignete Leitungsführung ermöglicht, indem die Befestigungen mit ausreichendem Abstand von Bögen und Abzweigungen angeordnet werden. Ist eine solche Anordnung aufgrund langer, gerade verlaufender Rohrabschnitten nicht möglich, werden so genannte Dehnungsschleifen (z.B. Lyrabogen) oder Kompensatoren zum Einsatz gebracht, welche die thermische Längenänderung kompensieren können.

Thermische Kontraktion:
Rohrleitung zieht sich zusammen; Schleife dehnt sich aus

Thermische Expansion:
Rohrleitung dehnt sich aus; Schleife zieht sich zusammen

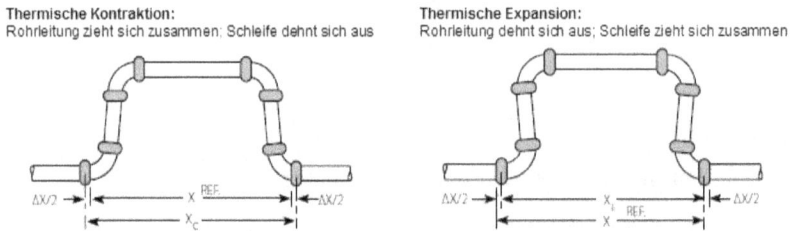

Abbildung 3-1: Thermischer Ausgleich durch Dehnungsschleifen /57/

3.1.2 Spannungsabbau durch Werkstoffauswahl und -anpassung

Eine weitere Möglichkeit zur Beherrschung unterschiedlicher Wärmeausdeh-nungskoeffizienten kann durch eine entsprechende Werkstoffauswahl in der Fü-gezone oder auch durch kombinierte Fügeverbindungen /67/ erzielt werden.

Aufgrund der guten Benetzbarkeit vieler kristalliner Werkstoffe durch Gläser, eig-nen sich diese ideal für die Erstellung mechanisch zuverlässiger und hochvaku-umdichter Schmelzverbindungen /59/. Voraussetzung für die Haltbarkeit und me-chanische Belastbarkeit von Glasschmelzverbindungen ist die Begrenzung me-chanischer Spannungen im Glasteil.

Um dies auch bei Verschmelzpartnern, bei welchen sich die Wärmedehnung deut-lich unterscheidet, zu gewährleisten, werden so genannte Übergangsgläser zwi-schengeschaltet. Hierdurch werden die Ausdehnungskoeffizienten der beiden Fü-gepartner entsprechend abgestuft /57/. Diese Gläser, welche auch in mehreren Schichten aufgetragen werden können, sind so ausgewählt, dass die Verschmelz-spannung bei Raumtemperatur 20 N/mm² nicht überschreitet. Hierbei wird von so genannten angepassten Verbindungen gesprochen.

Bei nicht angepassten Verbindungen, wird von den elastischen Eigenschaften dünner Metalle oder von der hohen Druckfestigkeit von Glas (so genannte Druck-einschmelzlegierungen) Gebrauch gemacht. Bei dieser Verfahrensvariante werden die unterschiedlichen Materialeigenschaften elastisch oder plastisch kompensiert.

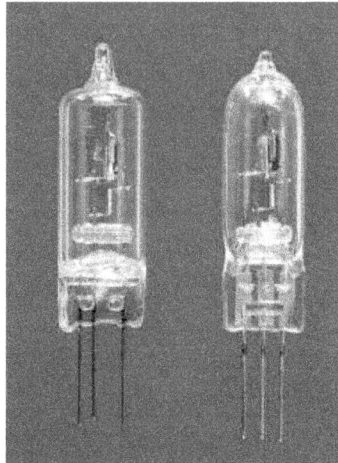

Abbildung 3-2: Einsatz der Einschmelzgläser bei Halogenlampen

Ein weiteres Anwendungsbeispiel ist die sogenannte CHIP on Board-Technik. Hierbei wird ein Chip über flexible Bonddrähte an die Leiterplatte angebunden. Die elastische Eigenschaft der dünnen Drähte ermöglicht einen thermischen Längenausgleich zwischen Chip und Leiterplatte und stellt gleichzeitig die Kontaktierung sicher. Da aber die mechanischen Eigenschaften dieser Verbindung den Anforderungen der Bauteile nicht gerecht werden, wird die gesamte Einheit mit einem Klebstoff vergossen. Hierdurch wird neben den mechanischen Eigenschaften auch dem Korrosionsschutz Rechnung getragen /67/.

3.1.3 Aufnahme von thermischen Spannungen

Bei geeigneter Bauteil- und Verbindungsgestaltung können die durch den Temperatureinfluss induzierten Spannungen durch die Fügepartner aufgenommen werden.

So werden beispielsweise die Gleise der Deutschen Bahn durchgehend und lückenlos verschweißt /60/. Um den thermischen Einflüssen gerecht zu werden, sind die Gleise alle 60 Zentimeter mit den Schwellen fest verspannt. Da der Stahl aus physikalischen Gründen aber auf die unterschiedlichen Temperaturen reagieren muss, kommt es im Gleis in Abhängigkeit der Temperatur zu Zug- bzw. Druckspannungen. Diese Spannungen werden vollkommen in die Schwellen abgeleitet, welche die Gleise auch bei Temperaturschwankungen fest verankert.

Um die Lagestabilität und die Befestigung sicherzustellen, werden bei der Bearbeitung der Gleise bestimmte Richtlinien eingehalten: Die Temperatur, bei der Schienen durchgehend verschweißt werden, beträgt +20 °C (±3 °C). In diesem Zustand sind die Schienen spannungsfrei und damit neutral. Um die Gleise an den Schwellen zu verspannen, muss zudem eine Temperatur von +20 bis +26 °C eingehalten werden. Bei Schienentemperaturen über +26 °C wird die Arbeit eingestellt, da sonst die Zugspannungen zu groß wären. Bei Temperaturen unter +20 °C werden die Schienen mittels Erhitzen oder durch Ziehen auf die Länge gebracht, die sie bei der Idealtemperatur hätten. Dieses Vorgehen stellt in einem Temperaturbereich von −30 bis +60 °C die Stabilität und die Lage der Gleise sicher.

3.2 Fügetechnologien für Mischverbindungen

An Fügetechnologien für Mischverbindungen werden verschiedene Ansprüche gestellt. Nachfolgend sind die Kriterien aufgeführt, welche von besonderer Relevanz für Mischverbindungen sind:

- Funktionsanforderungen
  - Möglichkeit zur Aufnahme bzw. zum Ausgleich von Spannungen
  - hohe Festigkeit der Verbindung
  - Dichtigkeit (im Nassbereich)
  - Korrosionsbeständigkeit
  - Reparaturfähigkeit (z.B. im Fall des Versagens)
- Fertigungstechnische Gesichtspunkte
  - gute Automatisierbarkeit
  - hohe Prozessgeschwindigkeiten
  - geringe prozessbedingte Eigenspannungen und Verzüge
  - Prozesssicherheit/Prozessüberwachung
  - Reproduzierbarkeit

Nach DIN 8593 wird in der Fertigungstechnik mit dem Begriff Fügen das dauerhafte Verbinden von mindestens zwei Bauteilen /26/ bezeichnet. Am Beispiel von Verbindungen zwischen Stahl und Aluminium stehen entsprechend der Gruppierung verschiedene Fügeverfahren zur Verfügung, welche nachfolgend näher erläutert werden.

3.2.1 Thermisches Fügen

Zur Gruppe der thermischen Fügeverfahren gehören nach DIN 8593, das Schweißen und das Löten. Aufgrund der Unterschiede im chemischen Spannungspotential von Stahl und Aluminium kommt es bei thermischen Fügeprozessen jedoch zu Diffusionsvorgängen von Legierungselementen. Hieraus resultiert die Bildung von intermetallischen Phasen. Diese spröden Phasen mindern die Festigkeit der Verbindung, sind jedoch bis zu einer Dicke von 10µm nicht nachteilig /13/. Um die

Phasenbildung einzuschränken ist eine exakte Temperaturführung des Prozesses erforderlich. Hierdurch hat sich in zahlreich durchgeführten Untersuchungen insbesondere der Laserstrahl als eine geeignete Wärmequelle für die Prozessführung herausgestellt /11; 13; 30; 31/.

Aufgrund der Eigenschaft das Aluminium ein hervorragender Oxidschichtbildner ist, muss diese Schicht durch den Fügeprozess selbst oder anderen geeigneten Maßnahmen, wie z.B. Flussmittel aufgebrochen werden, um eine direkte Verbindung mit dem Grundwerkstoff eingehen zu können. Hieraus ergeben sich zwei Prozessvarianten, zum einen ein kombinierter Schweiß-Löt-Prozess und zum anderen ein klassisches Lötverfahren. Beide Prozessvarianten erfüllen die genannte Bedingung und werden nachfolgend kurz näher erläutert.

Schweiß-Löt-Prozess

Bei einem Schweiß-Löt-Prozess wird die aluminiumseitige Oxidschicht, analog einem konventionellen Schweißprozess, durch eine entsprechend hohe Energiedichte aufgebrochen und der Grundwerkstoff aufgeschmolzen. Auf der Aluminiumseite entsteht somit eine Schmelzschweißverbindung, während sich auf der Stahlseite eine Schmelzlötverbindung ergibt. Hieraus resultiert für Stahl-Aluminium-Bauteile eine Verbindung mit Doppelcharakter.

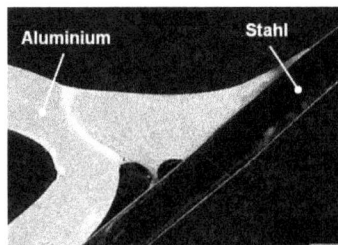

Abbildung 3-3: Schliffbild einer Schweiß-Löt-Verbindung

Analog zu den Aluminium-Schweißverbindungen, kommt üblicherweise ein Zusatzwerkstoff auf AlSi-Basis zum Einsatz /13/.

Löt-Prozess

Da bei einem klassischen Lötprozess die Schmelztemperatur des Zusatzwerkstoffes unterhalb der der Grundwerkstoffe und der Oxide liegt, sind andere Maßnahmen zum Aufbrechen der Aluminiumoxidschicht erforderlich. Neben dem mechanischen Aufreißen der Oxidschicht wird für diese Aufgabe der Einsatz von Flussmitteln bevorzugt.

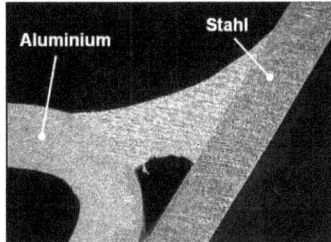

Abbildung 3-4: Schliffbild einer Löt-Verbindung

Um möglichst geringe Prozesstemperaturen realisieren zu können, werden Lote auf Zink-Basis verwendet.

3.2.2 Mechanisches Fügen

Zur Gruppe der mechanischen Fügeverfahren gehören nach DIN 8593, das Fügen durch Umformen, wie z.B. das Nieten oder auch Durchsetzfügen, sowie das Fügen durch An- und Einpressen, wie z.B. das Schrauben /14/. Beim Fügen durch Umformen wird durch den Vorgang der lokalen plastischen Werkstoffumformung ohne eine wesentliche thermische Belastung des Gefüges eine quasi formschlüssige Verbindung erzielt /4/.

Die mechanischen Fügeverfahren sind z.B. für Stahl-Aluminium-Verbindungen weitverbreitet und haben sich bei verschiedenen Automobilherstellern bereits mehrfach in der Serienproduktion bewährt. In Abhängigkeit der Werkstoffpaarung stehen Blindniete, Niete und Schrauben in vielen unterschiedlichen Geometrien, Werkstoffen und Verarbeitungsmöglichkeiten zur Verfügung /28/. Nachfolgend werden die Prinzipien der einzelnen Verfahren kurz erläutert.

Schrauben

Im Karosseriebau hat sich das Direktverschrauben bzw. das Fließloch-bohrschrauben (FlowDrillScrew) seit einigen Jahren etabliert. Bei diesen Prozessen läuft die Verschraubung in mehreren Schritten ab. Zunächst wird die Schraube mit einer hohen Drehzahl und einem entsprechenden Anpressdruck auf den Fügepartnern aufgesetzt. Hierdurch wird das Bauteil erwärmt und plastifiziert. Im Weiteren durchdringt das Fügeelement die Werkstoffe und bildet einen Wulst am Oberblech und einen Grat am Unterblech aus, welche im Wesentlichen die tragende Länge bestimmen. Folgend furcht die Schraube das Gewinde in den Bauteilen aus und wird im letzten Schritt angezogen /4; 14/.

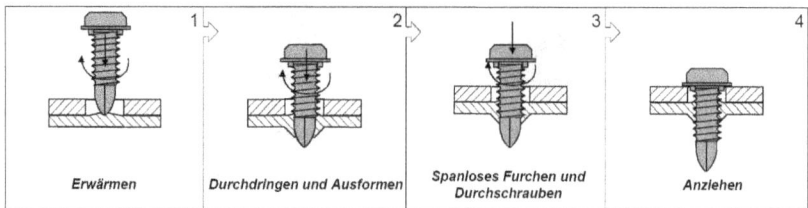

| Erwärmen | Durchdringen und Ausformen | Spanloses Furchen und Durchschrauben | Anziehen |

Abbildung 3-5: Schematische Darstellung des Direktverschraubens /4/

Stanznieten

Das Stanznieten zählt zu den Nietverfahren, bei welchen die Vorlochoperationen durch den selbststanzenden Schneidvorgang entfallen können /14/. Im industriellen Einsatz haben sich zwei Nietformen durchgesetzt, der Halbhohl- und der Vollstanzniet.

Beim Halbhohlstanznieten wird eine form- und kraftschlüssige, sowie dichte Verbindung erzielt. In einem ununterbrochenen Fügevorgang durchstanzt der Niet das stempelseitige Blech und spreizt sich im matrizenseitigen Blech mit Hilfe der Matrize auf. Hieraus entsteht ein Hinterschnitt, woraus in Verbindung mit dem Nietsetzkopf eine formschlüssige Verbindung entsteht /4/. Da der Halbhohl-Stanzniet und die Matrize durch Geometrie- und Werkstoffeigenschaften die Verbindungsqualität definieren, sind diese auf jede Fügeaufgabe abzustimmen /4; 14/.

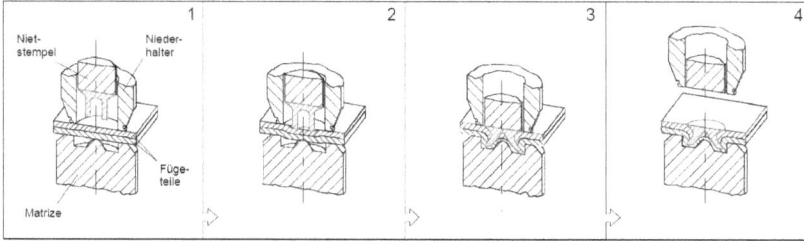

Abbildung 3-6: Schematische Darstellung des Halbhohl-Stanznieten /4/

Beim Vollstanznieten durchschneidet der Niet alle Blechlagen. Im weiteren Verlauf des einstufigen Verfahrens wird das matrizenseitige Bauteil in die Ringnut des Vollstanznietes gepresst /4/. Der erreichte Formschluss bestimmt die Verbindungsfestigkeit. Auch bei dieser Nietvariante ist eine exakte Abstimmung der Nietform, -größe und -länge auf die zu fügenden Partnern erforderlich.

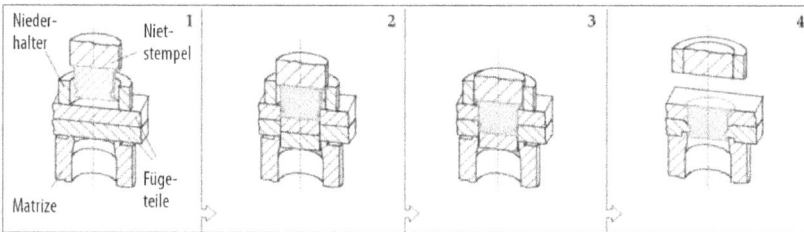

Abbildung 3-7: Schematische Darstellung des Vollstanznieten /4/

Bei den Nietverfahren ist, eine zweiseitige Zugänglichkeit aufgrund der erforderlichen Matrize zu beachten.

3.2.3   Fügen durch Kleben

Die Fügetechnologie Kleben zählt neben den thermischen Prozessen zu den stoffschlüssigen Verfahren. Das Verbinden von Fügeteilen wird beim Kleben durch eine dünne Klebstoffschicht erreicht. Die Festigkeit der geklebten Verbindung hängt von der Eigenfestigkeit (Kohäsion) und den Verformungseigenschaften des Klebgutes, sowie von den Bindekräften zwischen Klebstoffschicht und der Fügeteiloberfläche (Adhäsion) ab /29/. Im Vergleich zu den punktförmigen Verbindungen kann durch flächige Verklebungen eine deutlich höhere Steifigkeit und Ermüdungsfestigkeit erzielt werden.

Insbesondere das Fügen unterschiedlichster Werkstoffe wird durch das Kleben ermöglicht. Weiter übernimmt das Klebgut neben der eigentlichen Verbindung in vielen Fällen noch weitere Aufgaben, wie z.b. den Korrosionsschutz bei einer Stahl-Aluminium-Verbindung oder auch das Abdichten. So sind mittlerweile auf dem Markt unterschiedliche Klebstoffe verfügbar, die auf den jeweiligen Anwendungsfall entwickelt wurden. Gerade die Entwicklung von selbsthärtenden 2-Komponenten-Klebstoffen ermöglichen weitere Einsatzgebiete /68/.

3.2.4 Hybridfügen

Die Kombination von mechanischen Fügeverfahren in Verbindung mit Klebstoffen führt zu den so genannten kombinierten Fügeverbindungen. Hierbei können die Vorteile der der einzelnen Verfahren zusammengefasst und sinnvolle Synergien, z.B. bei der korrosiven Belastung oder der Dichtheit, gebildet werden /4/. Insbesondere bei der Umsetzung von mechanischen Fügetechnologien bei z.B. einer Stahl-Aluminium-Verbindung ist der Einsatz von Klebstoffen aufgrund des hohen Unterschiedes im elektrochemischen Spannungspotential erforderlich, um einen korrosiven Angriff zu vermeiden.

Auf Basis einer umfassenden Literaturrecherche zeigt sich das sich bisherige Untersuchungen zu den genannten Fügetechniken den Schwerpunkt auf eine generelle Machbarkeit legen. Im Vordergrund standen hierbei die Auslegung der Fügestellen, der Einfluss unterschiedlicher Werkstoffe und Paarungen, sowie die Anforderungen an die Prozessführung der jeweiligen Verfahren und die damit verbundenen erzielbaren Festigkeiten.

Die Zusammenhänge im Bezug auf den Einfluss unterschiedlicher Wärmeausdehnungen der Fügepartner und der daraus resultierenden Scherspannung liegen nicht in ausreichender Tiefe vor.

3.3 Applikationsbeispiele im Automobilbau

Aufgrund der stetigen Gewichtszunahme durch die steigenden Anforderungen z.B. hinsichtlich Sicherheit und Komfort hat der Einzug von Mischverbindungen im Automobilbau begonnen. Insbesondere der Einsatz des Leichtmetalls Aluminium wird in den aktuellen Fahrzeugkonstruktionen avisiert. Daher bezogen sich die in den vergangenen Jahren durchgeführten Untersuchungen auf eine generelle Machbarkeit von Stahl-Aluminium-Verbindungen.

Nachfolgend wird der Stand der Technik im Bezug auf Lösungen der $\Delta\alpha$-Problematik beim Fügen von Mischverbindungen auf Basis unterschiedlicher Fügetechnologien im Automobilbau aufgeführt.

3.3.1 Thermisch gefügte Lösungen

Die durchgeführten Untersuchungen zur Machbarkeit von thermisch gefügten Stahl-Aluminium-Verbindungen werden in /11-13; 19/ beschrieben. Schwerpunkte dieser Untersuchungen sind die Bildung von intermetallischen Phasen, deren Auswirkung auf die Verbindungsfestigkeit, sowie Korrosionsanfälligkeit dieser Verbindungen.

Darüber hinaus beschreibt die Offenlegungsschrift /34/ eine Variante zur Reduzierung auftretender Spannungen und Bauteilverzüge einer Stahl-Aluminium-Verbindung. Hierbei wird durch die gezielte Kühlung des Bauteiles mit dem höheren Wärmeausdehnungskoeffizienten, das Aluminium-Bauteil, beschrieben. Eine weitere angedachte Variante ist die Erwärmung der Stahl-Komponente oder einer Kombination beider Varianten. Ziel ist es die Auswirkungen der unterschiedlichen Wärmeausdehnungskoeffizienten zu minimieren. Über die Effektivität dieser Lösungsansätze konnten keine Informationen ausfindig gemacht werden.

3.3.2   Mechanisch gefügte Lösungen

Das mechanische Fügen von Stahl-Aluminium-Verbindungen in für den Kunden nicht einsehbaren Bereichen ist in vielen Serienprojekten bereits Stand der Technik /1, 31/. Bei diesen Anwendungsfällen spielen die unterschiedlichen Wärmeausdehnungskoeffizienten der Fügepartner eine untergeordnete Rolle.

Für eine Dachapplikation, welche die physikalischen Eigenschaften der Fügepartner berücksichtigt, können in der Literatur zwei Lösungsansätze gefunden werden. Ein Ansatz befasst sich mit der geometrischen Gestaltung eines Aluminium-Daches, Offenlegungsschrift /39/. Durch einen eingebrachten Wulst, welcher parallel zur mechanischen Verbindung ausgeführt ist, wird die Steifigkeit im Bauteil erhöht (s. Abb. 3-8; Element 17). Somit können die Bauteilspannungen in den Trocknungsprozessen der Lackiererei, welche aus den unterschiedlichen Wärmeausdehnungskoeffizienten resultieren, aufgenommen werden. Diese Ausführung ermöglicht eine karosseriebaufeste Lösung mittels mechanischer Fügetechnik.

Der zweite Ansatz befasst sich mit der Verwendung eines Zusatzteiles, welches als Zwischenelement (s. Abb. 3-9, Element 2) zwischen Dach und Seitenwandrahmen eingebracht wird. Über eine entsprechende Auslegung und Gestaltung, kann dieses Element die auftretenden Spannungen aufnehmen. Folglich können unerwünschte Verformungen aus dem Sichtbereich verlagert /37/ bzw. weitestgehend vermieden werden /40-42; 53/.

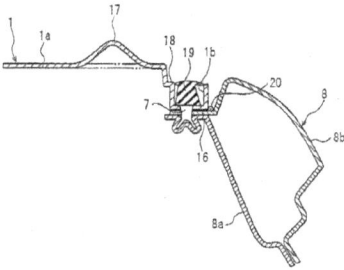

Abbildung 3-8: Schnittdarstellung der
Nietlösung /39/

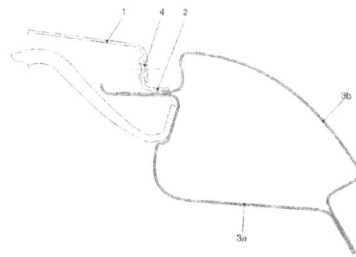

Abbildung 3-9: Dachlösung mit Zusatzteil
/41/

3.3.3 Geklebte Lösungen

Eine Lösung für eine verklebte Mischverbindung wird in /49/ beschrieben, in welcher durch eine entsprechend ausgelegten Klebeverbindung die auftretenden Spannungen ausgeglichen werden können. Hierzu wird ausgehend von der Mitte des zu verklebenden Bauteiles der Klebespalt kontinuierlich vergrößert, s. Abb. 3-10. Ziel ist es mit zunehmendem Abstand die Aufnahme von Scherkräften zu ermöglichen. Alternativ oder zusätzlich wird auf die Möglichkeit der variierenden Zusammensetzung der Komponenten der Klebeschicht verwiesen, um die Wirkung zu unterstützen.

In /64, 68/ wird ebenfalls eine Klebelösung beschrieben, in welcher die aus der unterschiedlichen Wärmedehnung resultierenden Deformationen im Bauteil geometrisch berücksichtigt werden. Zur Ermittlung der plastischen Deformationen wird das Gesamtmodell über die Prozesskette und der zugehörigen Temperaturen simuliert. Den errechneten bleibenden Verformungen in der Dachkomponente wird im Einzelteil geometrisch entgegengewirkt. Diese sogenannte Vorhaltung wird durch die Verformung resultierend aus den unterschiedlichen Wärmeausdehnungen der Fügeteile aufgehoben und es stellt sich die gewünschte Bauteilgeometrie ein, s. Abb. 3-11.

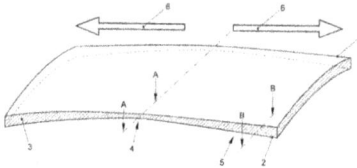

Abbildung 3-10: Klebespaltgestaltung für
Spannungsabbau /49/

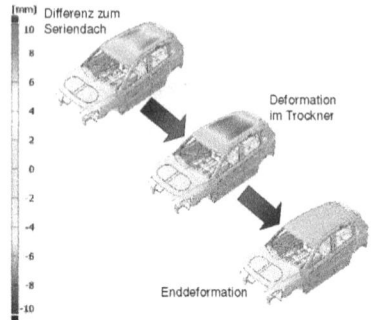

Abbildung 3-11: Vorhaltung der Deformation /64/

3.3.4 Montage-Lösungen

Der dritte Lösungsansatz beschreibt ein Montageverfahren welches die Umge-
hung der prozesskritischen Temperaturen ermöglicht. Die spätere Befestigung des
Daches kann dann z.b. über eine entsprechende Winkelkonstruktion mit Schrau-
belement mit der lackierten Karosseriestruktur erfolgen /38/, s. Abb. 3-12. Diese
Variante wird bei Peugeot im aktuellen 807 in Serie eingesetzt.

Weitere Montage-Lösungen sind in /27; 46-48; 50/ beschriebenen. Diese umfas-
sen ein z.B. mittels Zweikomponenten-Klebstoff aufgebrachtes Aluminiumdach.
Hierzu werden die Komponenten Dach und Karosserie separat oder in einem be-
weglichen Verbund durch die Lackprozesse gefahren und somit die thermische
Belastung umgangen. In einem nachfolgenden Schritt wird das Dach mit der Karosseriestruktur vollflächig verklebt. Um gleichbleibende Klebstoffeigenschaften in
einem solchen Anwendungsfall sicherzustellen, wird z.B. über Prägenoppen oder
Abstandshalter ein konstanter Klebspalt realisiert. Hierbei kommt ein spezieller
Klebstoff zum Einsatz welcher die im späteren Betrieb des Fahrzeuges entstehenden Spannungen, aufgrund der unterschiedlichen Ausdehnungskoeffizienten, z.B.
resultierend aus Sonneneinstrahlung, aufnehmen kann. Eine Möglichkeit hinsichtlich Vorrichtungstechnik und des Verklebens des Daches in der Montage wird in
/52/ aufgeführt.

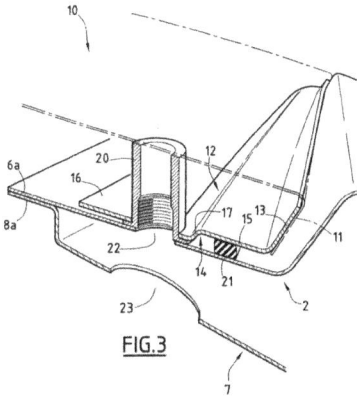

Abbildung 3-12: Schnittdarstellung der
Montagelösung /38/

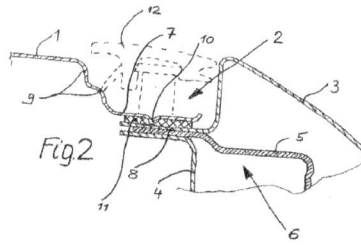

Abbildung 3-13: Schnittdarstellung des
geklebten Aluminiumdaches /28/

Anhand einer umfassenden Literaturrecherche konnte neben den aufgeführten Patent- und Offenlegungsschriften keine wissenschaftliche Durchdringung der Problemstellung des Einflusses unterschiedlicher Wärmeausdehnungskoeffizienten auf Hybridverbindungen festgestellt werden.

Im Rahmen dieser Dissertation werden die Möglichkeiten der konstruktiven und fügetechnischen Gestaltung von Hybridverbindungen gezielt untersucht, um die bestehende $\Delta\alpha$-Problematik am Beispiel einer Stahl-Aluminium-Verbindung einer Dachapplikation zu minimieren. Abschließend werden die gewonnen Erkenntnisse am Realfahrzeug umgesetzt und auf ihre Machbarkeit bewertet.

4 ZIELSETZUNG UND VORGEHENSWEISE

Die Mischbauweise bringt für den Automobilbau viele Vorteile. Jedoch ist das Verbinden von Aluminium-Bauteilen mit der Stahlstruktur aus verschiedenen Gründen, bisher nur in für den Kunden nicht einsehbaren Bereichen zum Einsatz gekommen. Anwendungsbeispiele sind die aus Aluminium gefertigte Sitzrückwand oder auch der Wasserkasten. Diese Bauteile werden mechanisch in Kombination mit Klebstoffen mit der Stahlkarosserie verbunden.

Da die Karosserien über die Prozesskette mehrfach thermischen Belastungen unterliegen, z.B. für die Trocknung von Lackschichten, bringen Werkstoff-Kombinationen eine besondere Herausforderung mit sich. Für eine Anwendung im Sichtbereich der Karosserie liegen noch keine prozesssicheren Konzepte vor, welche ein Fügen im Karosseriebau von großflächigen Aluminium-Außenhautbauteilen mit einer Stahlstruktur ermöglichen. Insbesondere die unterschiedlichen Wärmeausdehnungskoeffizienten der Werkstoffe und der daraus resultierenden Spannungen stellen eine große Herausforderung dar.

Die Herausforderung bei der Auslegung und Herstellung von Konstruktionen in Mischbauweise ist die Beherrschung auftretender Spannungen im Herstellprozess, sowie im Produktlebenszyklus. Unter der Betrachtung, zu welchem Zeitpunkt Belastungen und somit auch Spannungen auf ein Bauteil resultieren, können folgende Schritte aufgeführt werden:

- Umformprozess bei Blechbauteilen (induzierte Spannungen)
- Belastungen im Herstellprozess (z.B. durch thermische Füge- oder auch Trocknungsprozesse)
- Belastungen im Betrieb

Der Bereich der Umformtechnik mit aus den zugehörigen Prozessen resultierenden Spannungen ist ein komplexes Thema. Dieses gilt es in weiterführenden Arbeiten zu analysieren und ist somit nicht Bestandteil der nachfolgenden wissenschaftlichen Betrachtungen. Die vorliegende Arbeit verfolgt das Ziel, den Einfluss unterschiedlicher Wärmeausdehnungen an einer Fügestelle zwischen zwei verschiedenen Werkstoffen, z.B. Stahl und Aluminium zu analysieren. Die größte Herausforderung stellt hierbei das thermische und das mechanischen Fügen eines Aluminiumdaches in eine Stahlstruktur. Folglich bildet dieser Anwendungsfall die Grundlage für die nachfolgenden Untersuchungen.

Für eine ganzheitliche Betrachtung dieser Problematik ist ein methodischer Ansatz erforderlich, welcher die Bereiche Konstruktion, Werkstoff und Fertigung beinhaltet /10/. Hierzu wurde der Begriff der Fügbarkeit eingeführt und wie folgt definiert /2/:

„Fügbarkeit eines Werkstoffes ist seine Eigenschaft, sich bei geeigneten werkstofflichen Voraussetzungen und auf diese abgestimmten konstruktiven und technologischen Bedingungen eines Fügeverfahrens mit sich selbst oder anderen Werkstoffen in einer Fügekonstruktion so verbinden zu lassen, dass betriebsmäßige Beanspruchungen ertragen werden können."

Anhand Abbildung 4-1 lassen sich die Zusammenhänge und Einflussgrößen der Fügbarkeit zweier Bauteile darstellen. Daraus resultierend sind zur Gewährleistung einer Fügeverbindung werkstoffliche, fertigungstechnischen und konstruktiven Maßnahmen zu ergreifen, bzw. die Bereiche in Einklang zu bringen.

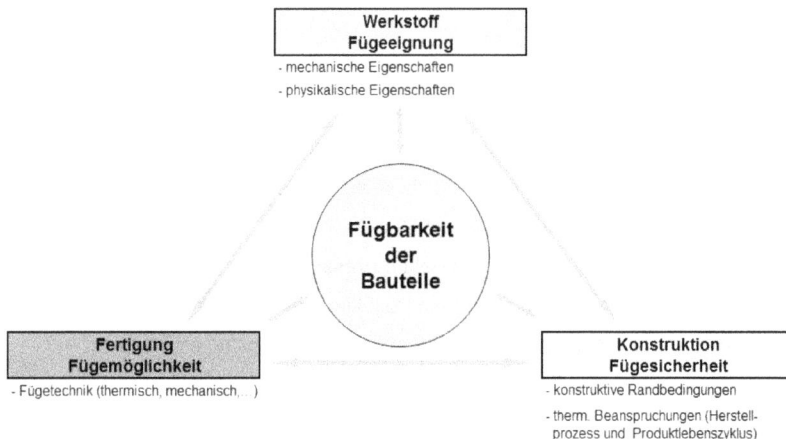

Abbildung 4-1: Darstellung der Fügbarkeit /2, 20/

Unter Betracht der Zielstellung der vorliegenden Arbeit sowie der Zusammenhänge der Fügbarkeitsdarstellung, sind für eine Verbindung zweier unterschiedlicher Werkstoffe die nachfolgenden drei Bereiche zu berücksichtigen:

- Konstruktive Gestaltung und betriebsbedingte Beanspruchung
- Materialauswahl
- Fügetechnik

Zum Fügen zweier unterschiedlicher Werkstoffe gibt es verschiedene Ansätze. In bisherigen Untersuchungen stand die generelle Machbarkeit von z.B. Stahl-Aluminium-Verbindungen /13; 19; 25; 69/ im Mittelpunkt.

Neben der fügetechnischen Machbarkeit, wurde in /68/ ein Lösungsansatz zur Beherrschung der aus den unterschiedlichen Wärmedehnungen resultierenden Verformungen beschrieben. Dieser Ansatz sieht eine geometrische Vorhaltung im Dach einer Karosseriestruktur entgegen der zur erwartenden Verformung vor, sodass nach der Wärmeeinwirkung sich die Sollgeometrie einstellt. Dieses Vorgehen bringt jedoch einige Nachteile mit sich. Zum Einen wird notwendige Vorhaltung auf Basis einer spezifischen Temperaturkurve ermittelt. Da sich diese in Abhängigkeit des Fertigungsstandortes unterscheiden können, ist für jeden Standort eine eigene Bewertung und konstruktive sowie geometrische Auslegung der Vorhaltung notwendig. Desweiteren werden dem Kunden üblicherweise verschiedene Dachvarianten, wie z.B. Voll-Dach, Schiebedach oder Panoramadach angeboten. Aus diesen Varianten resultiert jeweils eine spezifische Bauteilsteifigkeit und somit auch ein spezifisches Verhalten unter Spannung. Bei heutigen Herstellprozessen werden die Varianten ausgehend vom Voll-Dach durch eine zusätzliche Ziehstufe bzw. durch einen zusätzlichen Stempel im Presswerkzeug generiert. Aus dem beschriebenen Lösungsansatz hingegen resultiert je Variante eine eigenständige Vorhaltung und somit auch ein eigenständiger Werkzeugsatz erforderlich.

Darüber hinaus resultieren bei Umsetzung dieser Lösung weitere Werkzeugsätze um den Austausch eines Daches im Rahmen der Kundendienst- und Werkstättentätigkeiten sicherzustellen. Da sich die Prozesse der Dachmontage, sowie der späteren Lackiertätigkeiten deutlich von den Serienprozessen unterscheiden, folgen hieraus ebenfalls spezifische Bauteile.

Aufgrund der aufgeführten Auswirkungen der in /68/ beschriebenen Lösung, verfolgt die vorliegende Arbeit das Ziel, ein Verbindungskonzept zu erarbeiten, welches eine Mischverbindung ohne geometrische Veränderung aufgrund der unterschiedlichen Wärmeausdehnungen ermöglicht.

Um eine industrielle Umsetzbarkeit der Erkenntnisse von thermisch oder mechanisch gefügten Mischverbindungen zu ermöglichen, sollen in der vorliegenden Arbeit grundlegende werkstoff- und verfahrenstechnische Untersuchungen zur Prozessführung realisiert, sowie konstruktive Möglichkeiten erörtert werden. Unterstützt durch eine FE-Simulation wird der Einfluss der Bauteilgeometrie sowie der Werkstoffe am Beispiel einer Stahl-Aluminium-Verbindung untersucht.

Unter Berücksichtigung der „Methodik zum Entwickeln und Konstruieren technischer Systeme und Produkte" nach VDI 2221 ist in Abbildung 4.2 die Struktur der Arbeit skizzierte.

Problemstellung	Fügen von verschiedenen Werkstoffen unter Berücksichtigung der unterschiedlichen Wärmeausdehnungskoeffizienten bei Temperaturbeanspruchung

	Theoretische Betrachtung einer Mischverbindung unter thermischer Beanspruchung
	Analyse der Fügemethoden, sowie deren Auswirkungen auf eine Mischverbindung.
Lösungsweg	Ausarbeitung von Lösungsansätzen zur Beherrschung der $\Delta\alpha$-Problematik.
	Umsetzung der Lösungsansätze am Beispiel einer Stahl-Aluminium-Verbindung auf Modellstruktur und Auswertung der Ergebnisse, sowie experimentelle Verifizierung der Erkenntnisse an Versuchskörpern

Zielsetzung	Aussage hinsichtlich Prozessführung und konstruktiver Gestaltung für Fügestellen zwischen Bauteilen unterschiedlicher Werkstoffe, welche den Temperaturanforderungen im Herstellprozess Rechnung tragen

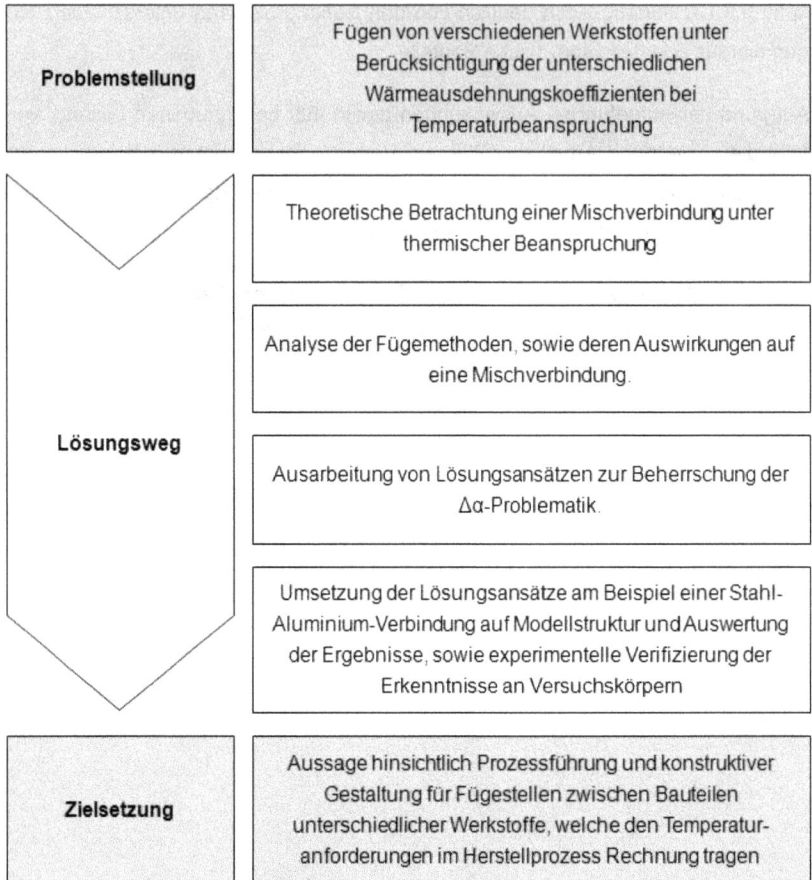

Abbildung 4-2: Problemstellung, Lösungswege und Zielsetzung

5 THEORETISCHE BETRACHTUNGEN

In Abschnitt 4 wurde der Begriff der Fügbarkeit eingeführt und die Zusammenhänge dargestellt. Im Nachfolgenden werden die Bereiche im Rahmen der theoretischen Betrachtungen analysiert und die Beeinflussbarkeit im Hinblick auf die Problemstellung bewertet.

Da für die folgenden Betrachtungen konkrete Berechnungen angedacht sind, welche zu einem späteren Zeitpunkt mittels Realversuchen validiert werden sollen, wird vorab eine entsprechende Modellstruktur eingeführt.

5.1 Modellstruktur

Zielstellung an die Modellstruktur ist die in Betracht kommenden Kriterien, welche zur Lösung der Aufgabe herangezogen werden, rechnerisch und praktisch abbilden zu können.

Hierzu wurde ein hybrides Rahmengebilde konstruiert, welches über die geometrischen Abmessungen eine Sichtbarkeit der Problematik sicherstellt, aber auch die zu erwartende Längenunabhängigkeit aufzeigen kann. Hierzu wurde eine Gesamtlänge von 1500 mm definiert.

Im ersten Schritt wurde die Werkstoffkombination aus Stahl und Aluminium festgelegt, da hieraus zum einen ein großer Unterschied in der Wärmeausdehnung resultiert, zum anderen es sich um gängige und weitverbreitete Konstruktionswerkstoffe handelt. Darüber hinaus wurde bei der Konzeption aber darauf geachtet, dass keine mehrdimensionale Auswirkung der Längenausdehnung resultiert. Hierzu wurde der Rahmen im Zusammenspiel mit einer großflächigen Plattenstruktur in Richtung der größeren Längenausprägung als Mischverbindung ausgelegt, während die quer verbindenden Rahmenelemente artgleich sind. Weiter wurde bei der Konstruktion der Einsatz von thermischer und mechanischer Fügetechnik in einer Auslegung berücksichtigt, um eine direkte Vergleichbarkeit der Verfahren und deren Auswirkungen zu ermöglichen. Bei der Auswahl der Fügetechniken wird für die Gruppe der mechanischen Verfahren das FDS-Schrauben zum Einsatz kommen, während die thermischen Verfahren durch das Laserlöten sowie durch das Laser-Schweißlöten abgedeckt werden.

In der folgenden Darstellung 5-1 ist die Modellstruktur abgebildet, sowie die geometrische Ausgangsvariante für die flächige Komponenten detailliert aufgeführt. Die Werkstoffkombination von Stahl mit Aluminium spielt für die folgenden Betrachtungen die Berechnungsgrundlage.

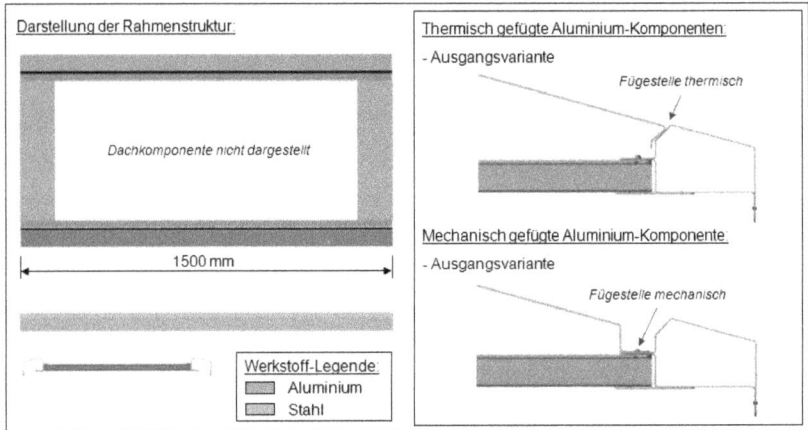

Darstellung der Rahmenstruktur:

Dachkomponente nicht dargestellt

1500 mm

Werkstoff-Legende:
- Aluminium
- Stahl

Thermisch gefügte Aluminium-Komponenten:
- Ausgangsvariante

Fügestelle thermisch

Mechanisch gefügte Aluminium-Komponente:
- Ausgangsvariante

Fügestelle mechanisch

Abbildung 5-1: Versuchsaufbau Modellstruktur

5.2 Einfluss der Bauteilgeometrie

Wie in Abschnitt 2.4 hergeleitet, resultiert aus den unterschiedlichen Ausdehnungskoeffizienten ein Spannungsbild in Abhängigkeit der Temperatur. Diese Druckspannung kann zur Beulung der Fügepartner führen. Um die Abhängigkeiten und Einflussgrößen des Beulverhaltens in Abhängigkeit der Temperatur analysieren zu können, werden nachfolgend die Zusammenhänge hergeleitet.

Anhand der Literatur /55, 56/ ist die Beulung druckbelasteter großflächiger Bauteile ausführlich beschrieben. Hierbei steht die statische Belastung, z.B. durch eine Flächenlast oder eine Querlast im Vordergrund. Die Problematik unterschiedlicher Ausdehnungskoeffizienten im Werkstoffverbund bleibt in den Betrachtungen unberücksichtigt. In den nachfolgenden Abschnitten gilt es die Beulung großflächiger Bauteile mit der „Delta-Alpha-Problematik" zusammenzuführen.

Die Komponente aus dem Werkstoff 1 unterliegt durch die eingeschränkte Längenausdehnung in einem Verbund mit $\alpha_{\text{Werkstoff1}} > \alpha_{\text{Werkstoff2}}$ einer Zwangsstauchung (s. Abb. 2-8), welche zur Beulenbildung führen kann. Aus dieser Tatsache heraus ist die Ausgangsbasis für die Berechnung der Beulung die Theorie einer druckbelasteten Platte. Für die Anwendung in einer Mischverbindung, wird die Beultheorie um die Temperaturbelastung ergänzt.

5.2.1 Beulung der ebenen isotropen Platte /55/

Durch die eingeschränkte Ausdehnung einer Platte aus Werkstoff 1 in einer Struktur aus Werkstoff 2 beult diese aufgrund der Druckkräfte in der Fläche aus.

Die Biege- bzw. Plattensteifigkeit

$$B = E \times t^3 \times \frac{1}{12 \times (1-\nu^2)} \tag{16}$$

ist proportional zur kritischen Drucklast und umgekehrt proportional dem Quadrat der Stützlänge oder –breite. Im Bezug auf die Plattenbreite b ist nach /55/ der Druckbeulwert k wie folgt definiert:

$$k \equiv \frac{p_{krit}}{B}\left(\frac{b}{\pi^2}\right)^2 = \frac{12 \times (1-\nu^2)}{\pi^2} \times \frac{p_{krit}}{E} \times \frac{b^2}{t^3} \tag{17}$$

bzw. für die Spannung $\sigma_{krit} = \frac{p_{krit}}{t}$:

$$k_\sigma \equiv \frac{\sigma_{krit}}{E} \times \left(\frac{b}{t}\right)^2 = \frac{\pi^2}{12 \times (1-\nu^2)} \times k \tag{18}$$

mit ν = Querkontraktionszahl; für metallische Werkstoffe: $\upsilon = 0{,}3$

Der Druckbeulwert k_σ berücksichtigt die Lagerungsbedingungen der Platte, wie z.B. fest eingespannt oder beweglich gelagert, die Belastungsart und das Seitenverhältnis der Platte. In untenstehendem Diagramm ist der Druckbeulwert in Abhängigkeit der Seitenverhältnisse, sowie der Lagerungsbedingungen aufgetragen.

Demnach errechnet sich die kritische

Beulspannung σ_{krit} zu

$$\sigma_{krit} = k_\sigma \times E \times \left(\frac{t}{b}\right)^2. \qquad (19)$$

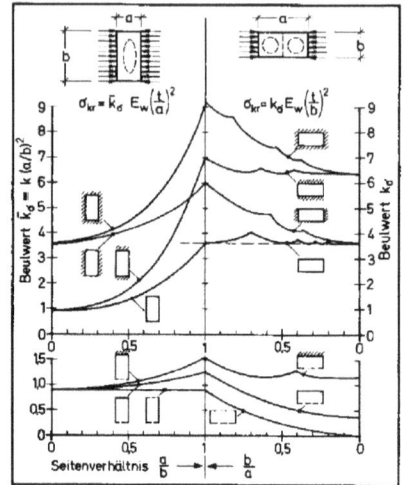

Abbildung 5-2: Einfluss des Seitenver-
hältnisses und der Randbedingungen auf
den Druckbeulwert /55/

Anhand der geometrischen Voraussetzungen, der Materialkenndaten und mit Hilfe von (12) lässt sich die resultierende Zwangsschrumpfung und die damit induzierten Spannungen in der Platten-Komponente ermitteln. Um ein Ausbeulen der Platte zu verhindern, ist nachfolgende Bedingung zu erfüllen:

$$\sigma_{Schrumpfung} \leq \sigma_{krit} . \qquad (20)$$

In Abbildung 5-3 ist die kritische Beulspannung in Abhängigkeit der Blechdicke für eine in einem Stahlrahmen gefügte Aluminiumplatte aufgetragen. Des Weiteren sind die aus der Zwangsschrumpfung resultierenden Druckspannungen, welche aus der festen Verbindung zwischen Platte und Rahmenstruktur resultieren, in Abhängigkeit der Temperatur berücksichtigt.

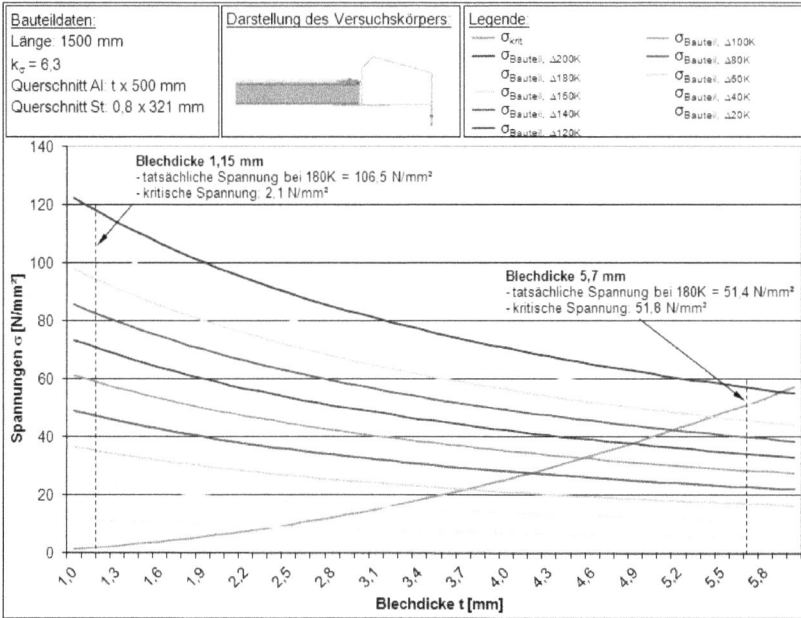

Abbildung 5-3: Bauteil-Spannungen in Abhängigkeit von Temperatur und Blechdicke an der ebenen Platte

Über den Schnittpunkt der kritischen Bauteilspannung und der temperaturabhängigen Druckspannung lässt sich die erforderliche Mindest-Blechdicke ermitteln.

Am Beispiel der Modellstruktur mit einer Blechdicke von 1,15 mm und einer Temperaturbelastung von Δ180 K treten in der Aluminiumkomponente Spannungen von ca. 102 N/mm² auf. Dieser Wert liegt deutlich über der kritischen Beulspannung, woraus ein Versagen bzw. Beulenbildung resultieren würde. Erst mit der Erhöhung der Blechdicke auf 5,46 mm sinkt die tatsächliche Bauteilspannung unter die kritische Beulspannung (s. Abbildung 5-3) und die Bedingung (20) ist erfüllt.

In Abbildung 5-4 ist die Gewichtszunahme einer ebenen Aluminiumplatte in Abhängigkeit der Blechdicke gegenüber einer Stahlplatte dargestellt. Hieraus zeigt sich das bereits ab einer Blechdicke von 2,34 mm eine Aluminiumplatte das Gewicht der zu substituierenden Stahlkomponente übersteigt. Da die Beulenbildung erst mit einer Dicke von über 5,5 mm vermieden werden kann, ist die Aufgabe mit einer ebenen Platte und unter den gegebenen Randbedingungen nicht zu lösen.

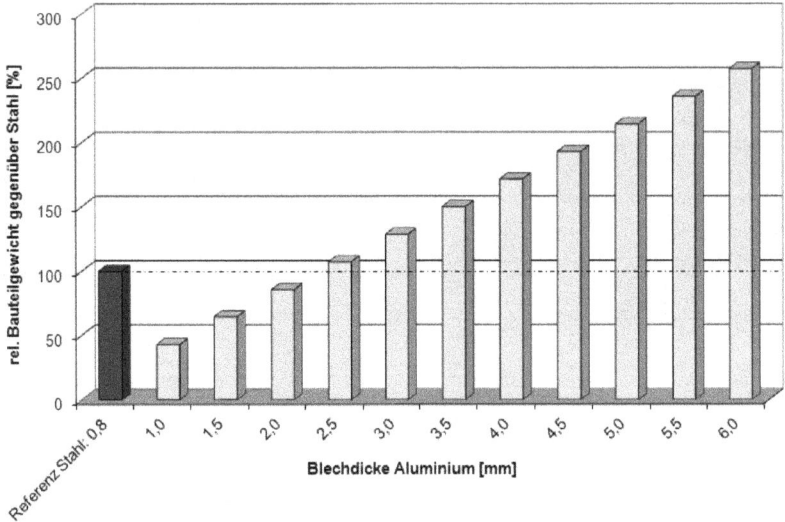

Abbildung 5-4: Aluminium-Gewicht in Abhängigkeit der Blechdicke

5.2.2 Beulung der gekrümmten isotropen Platte

Neben der Blechdicke kann über die Krümmung einer Platte die Beulgrenze deutlich effizienter beeinflusst werden. Der Beulwert k_σ wird hierbei durch den Krümmungsparameter Ω definiert. Dieser beschreibt den Anteil der Membranstützung beim Beulen wie beim Querkraftbiegen /55/ und errechnet sich zu

$$\Omega = \frac{11 \times b^4}{r^2 \times t^2} \, . \tag{21}$$

Mit zunehmender Krümmung quer zur Lastrichtung wird der Beulwert k_σ über den der ebenen Platte ($\Omega = 0$) angehoben. Die Ermittlung des Beulwertes erfolgt in Abhängigkeit der Krümmung.

Hierbei wird in zwei Bereiche unterschieden:

- Länge/Breite > 1 und $\sqrt{\Omega} < 40$:

$$k_\sigma \approx 3,6 \times \left(1 + \frac{\Omega}{16 \times \pi^4}\right) \tag{22}$$

- $\sqrt{\Omega} > 40$:

$$k_\sigma = \frac{1,81}{\pi^2} \times \sqrt{\Omega} \tag{23}$$

Für den Fall eines Aluminiumbleches der Dicke von 1,15 mm ist im nachfolgenden Diagramm der Einfluss des Krümmungsradius r bzw. der Höhe h der gewölbten Platte auf die kritische Beulspannung dargestellt.

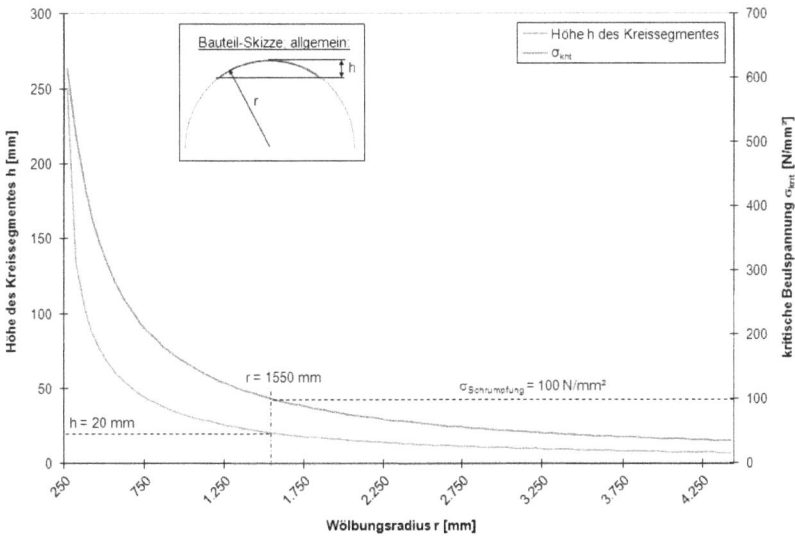

Abbildung 5-5: Einfluss des Wölbungsradius auf die kritische Beulspannung

Anhand des Diagramms zeigt sich, dass über zunehmenden Wölbungsradius die kritische Beulspannung deutlich angehoben werden kann.

Wie in Abschnitt 5.2.1 gezeigt, müsste die ebene Aluminiumplatte der Modellstruktur für die Aufnahme einer Druckspannung von 100 N/mm² eine Dicke von mindestens 5,5 mm aufweisen, um bei einer Temperaturbelastung von $\Delta180$ K nicht auszubeulen. Ein gebogenes Blech mit einer Materialdicke von 1,15 mm kann dieser Spannung bereits mit einem Wölbungsradius von 1550 mm und einer daraus resultierenden Kreissegmenthöhe von 20 mm standhalten.

5.2.3 Beulung der ebenen isotropen Platte mit Versteifung

Eine weitere Möglichkeit, um den Beulwert einer Platte anzuheben, kann über das Einbringen von Versteifungen realisiert werden. Dies kann sowohl durch die geometrische Gestaltung der Platte oder auch durch separat eingebrachte Versteifungsrippen ermöglicht werden /55/. Die Versteifung dient hierbei als Stabilisierung der Platte und führt zum Abgrenzen von Beulfeldern. Eine Längssteife ist besonders wirkungsvoll, wo das Blech ohne Steife seine größte Amplitude erhalten würde. Fällt eine Steife mit einer natürlichen Knotenlinie zusammen, dann ist diese wirkungslos /55/. Bei der Verwendung einer zusätzlich eingebrachten Versteifung kann diese auch zur Lastaufnahme dienen und somit die Beulung der ebenen Platte zusätzlich reduzieren.

Ist das Längen-Breitenverhältnis der zu betrachtenden Platte größer Eins, kann z.B. durch eine mittig eingebrachte Versteifung die kritische Beullast vervierfacht werden (s. Abschnitt 5.2.1). Dies wird durch die Halbierung des Beulfeldes ermöglicht. In den nachfolgender Abbildungen 5-5 und 5-6 sind der Einfluss der Seitenverhältnisse, sowie der Steifenwerte auf die Beulform dargestellt.

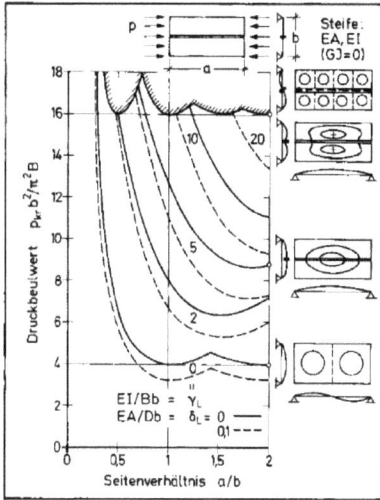

Abbildung 5-6: Beulwert über Seitenverhältnis; Einfluss der Steifenwerte auf die
Beulform /55/

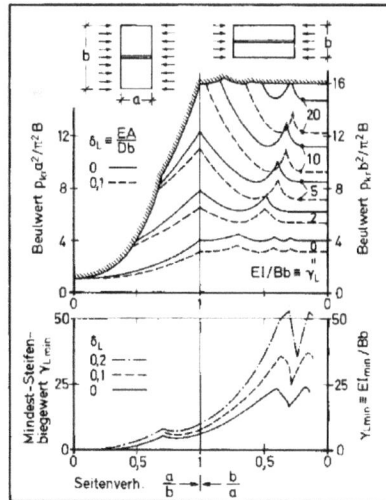

Abbildung 5-7: Beulwert und Mindest-
Steifenbiegewerte über Seitenverhältnis;
Einfluss des Steifendruckwertes /55/

Am Beispiel der Rahmenstruktur liegen die maximalen Beulamplituden aufgrund
der Symmetrie auf der Mittelachse. Folglich kann durch eine mittig eingebrachte
Steife die erforderliche Blechdicke, um den Belastungen durch die unterschiedlichen Ausdehungskoeffizienten standzuhalten, deutlich reduziert werden.

In Abbildung 5-8 ist die kritische Beulspannung in Abhängigkeit der Blechdicke für
eine in einem Stahlrahmen gefügte Aluminiumplatte mit mittiger Steife aufgetragen. Des Weiteren sind die aus der Zwangsschrumpfung resultierenden
Druckspannungen in Abhängigkeit der Temperatur berücksichtigt.

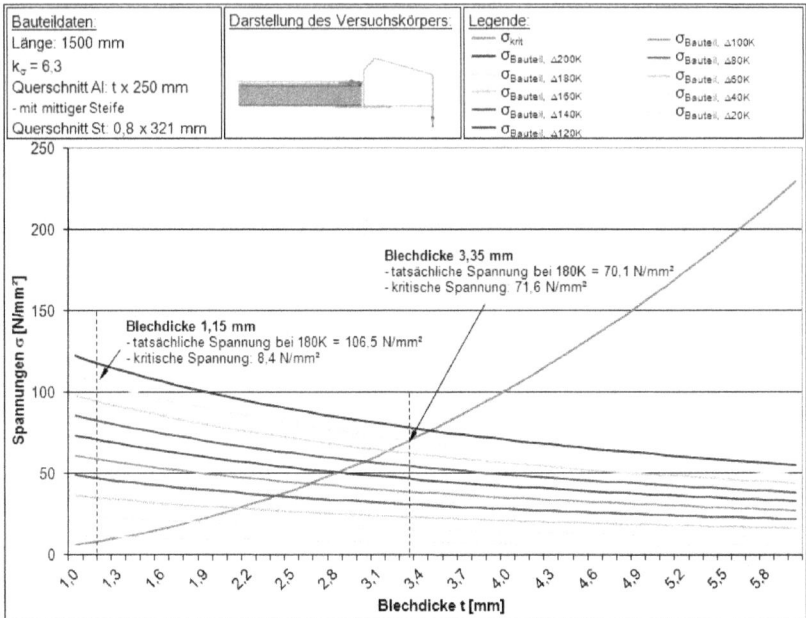

Bauteildaten:	Darstellung des Versuchskörpers:	Legende:
Länge: 1500 mm		σ_{krit} $\sigma_{Bauteil, \Delta100K}$
$k_\sigma = 6,3$		$\sigma_{Bauteil, \Delta200K}$ $\sigma_{Bauteil, \Delta80K}$
Querschnitt Al: t x 250 mm		$\sigma_{Bauteil, \Delta180K}$ $\sigma_{Bauteil, \Delta60K}$
- mit mittiger Steife		$\sigma_{Bauteil, \Delta160K}$ $\sigma_{Bauteil, \Delta40K}$
Querschnitt St: 0,8 x 321 mm		$\sigma_{Bauteil, \Delta140K}$ $\sigma_{Bauteil, \Delta20K}$
		$\sigma_{Bauteil, \Delta120K}$

Abbildung 5-8: Bauteil-Spannungen in Abhängigkeit von Temperatur und Blechdicke an der ebenen Platte mit mittiger Versteifung

Anhand der Darstellung kann über den Schnittpunkt der kritischen Bauteilspannung und der temperaturabhängigen Druckspannung die erforderliche Mindest-Blechdicke von 3,21 mm ermittelt werden um ein Beulen zu vermeiden.

5.2.4   Beulung der isotropen gekrümmte Platte mit Versteifung

Durch die Kombination einer gekrümmten Platte mit einer zusätzlich eingebrachten Versteifung kann die Beulsteifigkeit der Struktur weiter angehoben werden. Dies ist, analog zur ebenen Platte, auf die Ursache des halbierten Beulfeldes zurückzuführen /55/.

Bei der Auslegung ist zu beachten, dass bei der gekrümmten Platte in Abhängigkeit des Längen-Breiten-Verhältnisses, sowie des Krümmungsradius, die Wirksamkeit der Versteifungsmaßnahme beeinflusst wird. Bei langen, schmalen Platten mit großem Krümmungsradius führt dies dazu, dass durch eine zusätzliche Versteifung keine weitere Verbesserung resultiert. In Abbildung 5-8 und 5-9 ist die Wirkgrenze der Versteifung in Abhängigkeit des Krümmungsradius dargestellt.

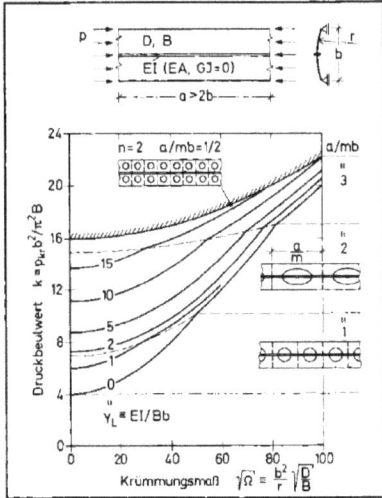

Abbildung 5-9: gekrümmte Platte mit Längssteife. Druckbeulwert und Beulform über Krümmungsmaß /55/

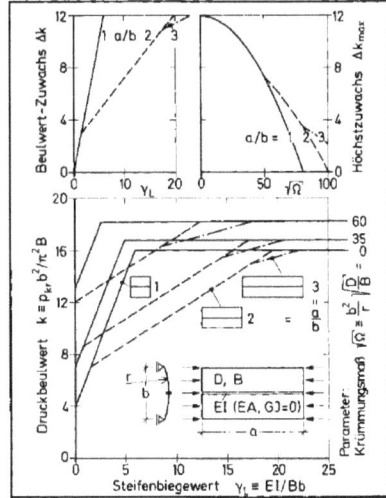

Abbildung 5-10: gekrümmte Platte mit Längssteife. Längsdruckbeulwert; Zuwachs durch Steifenbiegewert, Grenze durch Krümmungsmaß /55/

Neben der plastischen Verformung der Bauteile führen die Zug- und Druckspannungen in den Fügepartnern ebenfalls zu einer Beanspruchung der Verbindungsstellen unter thermischer Belastung. Im nachfolgenden Abschnitt wird auf diese Thematik näher eingegangen.

5.3 Werkstoffliche Betrachtung

Bei der Werkstoffauswahl ist den Materialeigenschaften Rechnung zu tragen. Die bisherigen Betrachtungen haben gezeigt, dass der Elastizitätsmodul sowie der Wärmeausdehnungskoeffizient eine wichtige Rolle spielen. Darüber hinaus ist eine weitere wichtige werkstoffliche Kenngröße die Dehngrenze, sowie das temperaturabhängige Werkstoffverhalten. Deren Einfluss auf die Problemstellung wird in den nachfolgenden Abschnitten Rechnung getragen.

5.3.1 Einfluss der Dehngrenze

Bei technischen Werkstoffen wird diese in der Regel als 0,2-%-Dehngrenze bzw. $R_{p0,2}$ angegeben, da dieser immer eindeutig aus dem Nennspannungs-Totaldehnungs-Diagramm ermittelt werden kann. Dieser Wert beschreibt die Grenze zwischen elastischer und plastischer Verformung, bei einer zulässigen Verformung von 0,2% /15; 21; 54/.

Im Betracht auf den Anwendungsfall sind diesbezüglich nachfolgende Bedingungen bei der konstruktiven Auslegung zu Berücksichtigen /55/:

$$\sigma_{krit} < R_{p0,2} \implies elastisches\ Beulverhalten \qquad (24)$$

$$\sigma_{krit} > R_{p0,2} \implies plastisches\ Beulverhalten \qquad (25)$$

Demzufolge ist auf Basis der auftretenden Spannungen im System zwischen einem elastischen, reversiblen und einem plastischen, irreversiblen Beulen zu unterscheiden.

In nachfolgender Darstellung sind die Bereiche am Beispiel einer Aluminiumlegierung mit einer Dehngrenze von $R_{p0,2}$ = 120 N/mm² dargestellt. Auf Basis der auftretenden Belastungen zeigt sich anhand der Zoneneinteilung ob eine Komponente richtig ausgelegt ist oder ob z.B. ein Werkstoff mit einer höheren Dehngrenze zum Einsatz kommen muss.

Bauteildaten:	Darstellung des Versuchskörpers	Legende
Länge: 1500 mm		σ_{krit}
$k_z = 6.3$		$R_{p0.2}$
Querschnitt Al: t x 500 mm		
Querschnitt St: 0,8 x 321 mm		

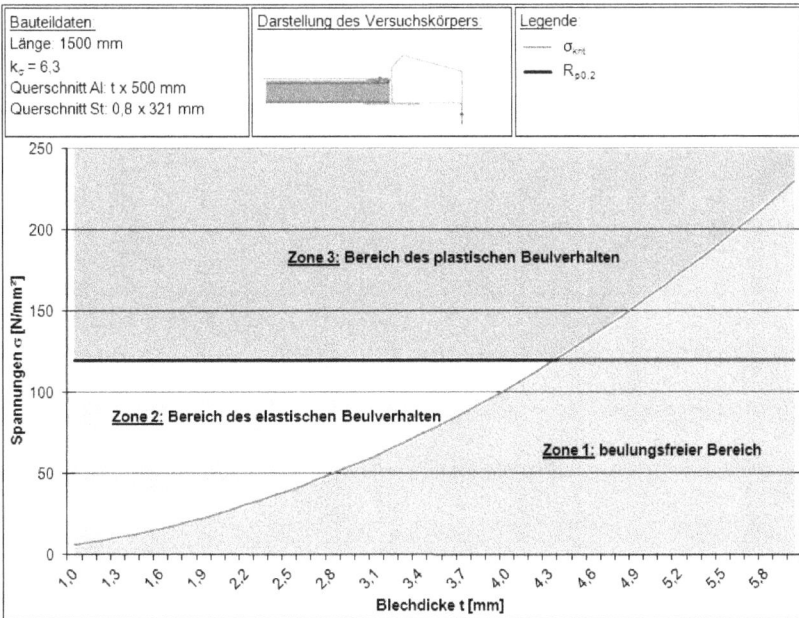

Abbildung 5-11: Beziehung Dehngrenze und Beulspannung zu Beulverhalten

5.3.2   Temperaturabhängigkeit der Werkstoffe

Da sich mechanischen Eigenschaften von Werkstoffen unter Temperatureinfluss verändern, ist diesem Sachverhalt, der Warmfestigkeit, bei der Betrachtung Rechnung zu tragen /21; 54/. Unter Warmfestigkeit werden die Angaben der Festigkeitseigenschaften eines Werkstoffes, wie Streckgrenze, Dehngrenze und Zugfestigkeit, für erhöhte Temperaturen verstanden. Mittels entsprechender Warmzugversuche können die Materialeigenschaften in Abhängigkeit der Temperatur ermittelt werden /21/.

Am Beispiel von Aluminium-Legierungen ist die Temperaturabhängigkeit der Dehngrenze in den nachfolgenden Darstellungen beispielhaft aufgezeigt. Hieran ist ersichtlich, das bei den im Automobilbau gängigen 6000er-Legierungen ein Abfall der Dehngrenze bei 200 °C von mindestens 20%, z.B. Legierung 6061, zu rechnen ist.

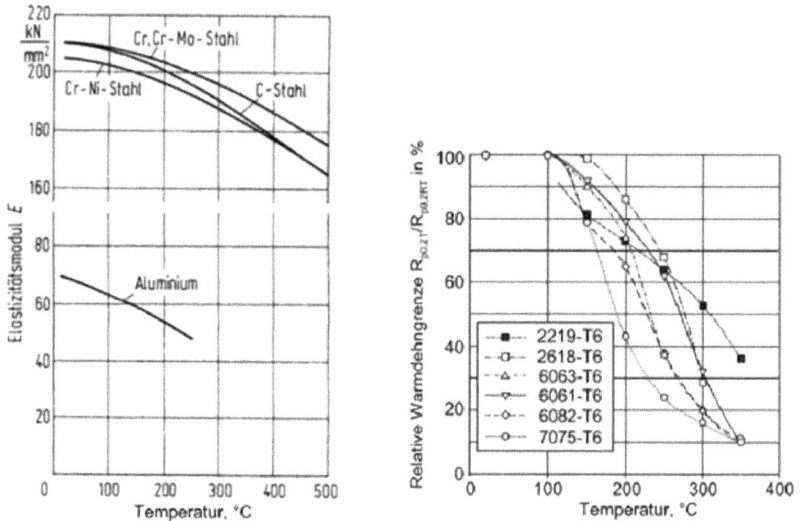

Abbildung 5-12: Temperaturabhängigkeit von E-Modul und Dehngrenze /54/

Unter Berücksichtigung der Erkenntnis das die werkstofflichen Eigenschaften eine Temperaturabhängigkeit aufzeigen, ergibt sich für die kritische Beulspannung

$$\sigma_{krit}(T) = k_\sigma \times E(T) \times \left(\frac{t}{b}\right)^2 . \tag{26}$$

Das aus den unterschiedlichen Ausdehnungskoeffizienten resultierende Stauchungs-Streckungsverhältnis zweier miteinander verbundener Bauteile (s. Abschnitt 2.2) ist ebenfalls durch die Materialkennwerte bestimmt und somit auch einer Temperaturabhängigkeit unterlegen.

Demzufolge wird die Berechnung wie folgt ergänzt:

$$\frac{Stauchung_{W1}}{Streckung_{W2}} = \frac{E_{W2}(T) \times A_{W2} \times (L + \Delta l_{W1})}{E_{W1}(T) \times A_{W1} \times (L + \Delta l_{W2})} \tag{27}$$

Unter Berücksichtigung dieser Zusammenhänge im Falle der ebenen Platte (Abschnitt 5.2.1) ergibt sich bei einer Temperaturänderung eine deutliche Reduzierung der kritischen Beulspannung, der tatsächlich auftretenden Spannung im Bauteil, sowie der Dehngrenze $R_{p0,2}$.

In den nachfolgenden Abbildung 5-13 (ebene Platte) und 5-14 (ebene Platte mit mittiger Steife) sind die entsprechenden Kurven bei einer Temperatur von 100 °C bzw. 200 °C an der ebenen Platte dargestellt. Hierbei wird der Aluminiumwerkstoff EN AW-AlMg0,6Si0,6V im T4-Zustand mit einer Dehngrenze von 95 N/mm² bei Raumtemperatur betrachtet.

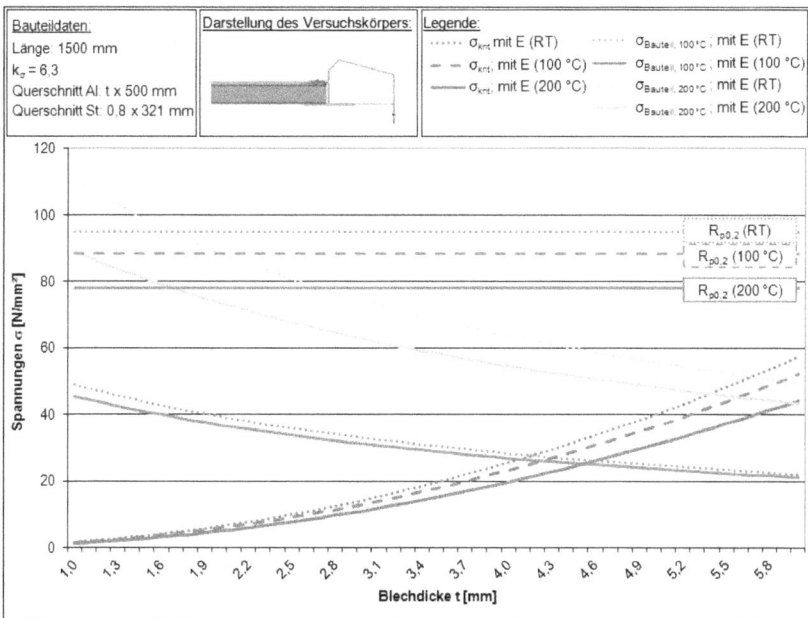

Abbildung 5-13: Einfluss temperaturabhängiger Werkstoffeigenschaften auf Spannungs- und Beulverhalten am Beispiel der ebenen Platte bei 100 °C bzw. 200 °C

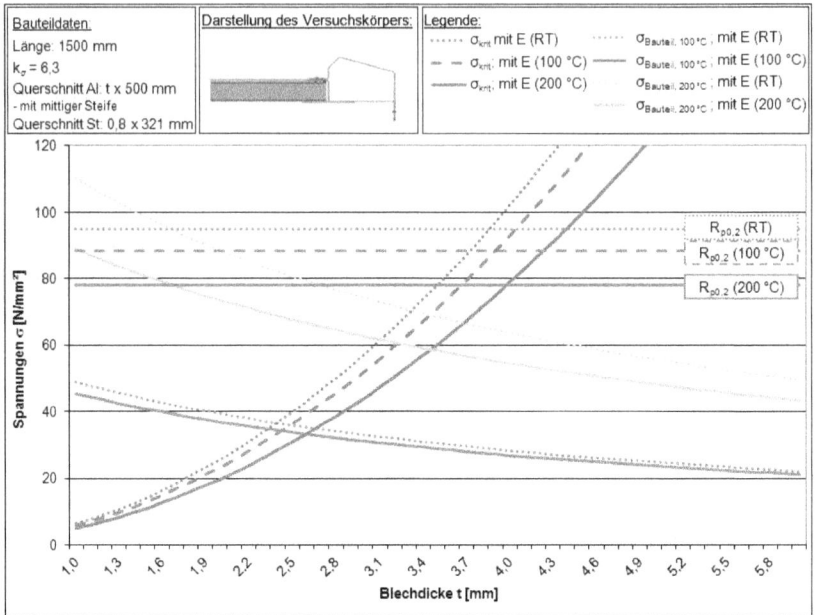

Abbildung 5-14: Einfluss temperaturabhängiger Werkstoffeigenschaften auf Spannungs-
und Beulverhalten am Beispiel der Platte mit mittiger Steife bei 100 °C bzw. 200 °C

Für die Auswertung, um welche Art von Beulverhalten es sich im konkreten Fall
handelt (s. Abb. 5-11), wurden die nachfolgenden Bedingungen um die Temperaturabhängigkeit ergänzt:

$$\sigma_{krit}(T) < R_{p0,2}(T) \Rightarrow elastisches\ Beulverhalten\ bei\ T \qquad (28)$$

$$\sigma_{krit}(T) > R_{p0,2}(T) \Rightarrow plastisches\ Beulverhalten\ bei\ T \qquad (29)$$

Die durchgeführten Betrachtungen haben gezeigt, dass eine Erweiterung der Berechnungen um die Temperaturabhängigkeit erforderlich ist. Folglich ist für eine
beanspruchungsgerechte Auslegung von Mischverbindungen die Warmfestigkeit
der Werkstoffe, d.h. die Festigkeitseigenschaften für einen bestimmten Temperaturbereich, notwendig.

5.4 Beanspruchung der Fügeverbindung

Aufgrund der unterschiedlichen Wärmeausdehnungen zweier miteinander gefügten Werkstoffe, resultieren bei Temperaturänderungen zwischen den Fügestellen Zug- bzw. Druckkräfte. Diese sind unabhängig von der zu fügenden Bauteillänge (s. Abschnitt 2-2) und somit auch unabhängig vom Fügeabstand der Verbindungspunkte. Hierbei spielt die zu fügende Bauteilgeometrie eine wesentliche Rolle und beeinflusst die Belastung der Verbindung der Bauteile.

Unter Betrachtung einer Fügereihe stellt sich zwischen den Fügepunkten unter der Voraussetzung konstanter Bauteilgeometrien, jeweils die gleiche Kraft ein. Mit Ausnahme von Anfangs- und Endpunkt einer Fügereihe stehen die Verbindungspunkte im Kräftegleichgewicht aus Zug- und Druckkräften (s. Abbildung 5-15; links). Die Randpunkte hingegen tragen die volle Wärmedehnungskraft des Verbundes, da die Stützwirkung zum freien Bauteilende entfällt. Im Falle von geometrischen Veränderungen, insbesondere quer zur Verbindungsstelle, kann es aber auch zu Belastungen innerhalb einer Fügereihe kommen. Durch das Einbringen von z.B. einer Verprägung (s. Abbildung 5-15; rechts) verändert sich der Kraftfluss, wodurch auch den benachbarten Fügestellen die Stützkraft fehlt.

Dies kann zur Folge haben, dass eine Verbindung zwischen ungleichen Werkstoffen einer mechanischen Belastung gerecht wird, aber bei Temperaturbeaufschlagung aufgrund der thermischen Spannungen versagt.

Anhand der Herleitung für die resultierende Kraft in einem Verbund unter thermischer Belastung (s. Abschnitt 2.2; Formel 13) können die Einflussfaktoren beschrieben werden. Bei gegebenen Werkstoffen, sowie definierter Temperaturbelastung, kann die Beanspruchung nur über die geometrische Ausführung der Fügepartner beeinflusst werden.

Insbesondere durch die in Abschnitt 5.2 aufgezeigten geometrischen Gestaltungsmöglichkeiten der Bauteile ist die Belastung auf die Fügepunkte zu berücksichtigen. Die Auslegung der Fügepartner, die Zwangsspannungen eines Mischverbundes aufnehmen zu können, führt zu einer steigenden Scherbeanspruchung

der Fügestellen. Folglich ist bei der Auslegung von Komponenten und deren eingesetzten Verbindungsstellen neben der Betriebsbeanspruchung auch der Temperaturbelastung Rechnung zu tragen. Insbesondere der Randfügepunkte, aber
auch Fügestellen die aufgrund von Steifigkeitsänderungen nicht im Kräftegleichgewicht liegen, bedarf es einer detaillierten Betrachtung.

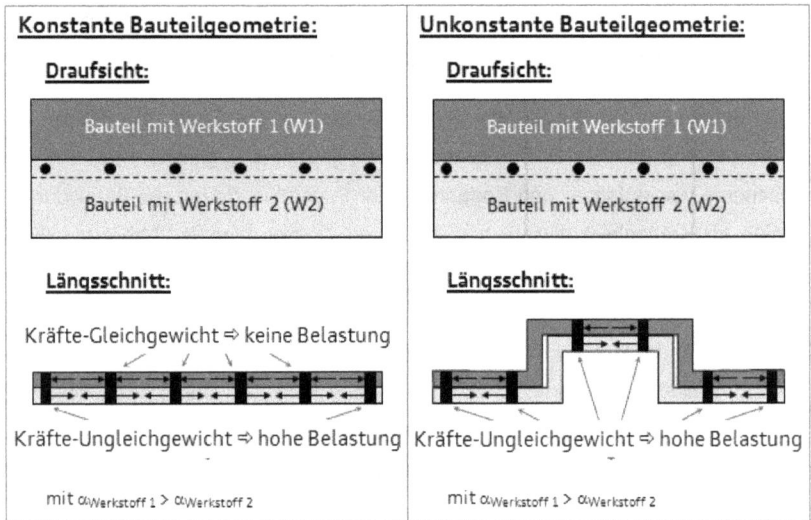

Abbildung 5-15: Wirkende Zug- und Druckkräfte auf die Bauteilverbindung

Zur Sicherstellung der geforderten Funktionalitäten der Verbindungsstelle, muss
bei der Auslegung nachfolgende Bedingung zu jeder Zeit im Lebenszyklus erfüllt
sein:

$$\sigma_{zul,Verbindungsstelle} > \sigma_{Betrieb} + \sigma_{thermisch} \qquad (30)$$

Wie in Abschnitt 2.5 am Beispiel einer Nietverbindung beispielhaft dargestellt ist,
kann es trotz Erfüllung der Gleichung (30) zum Versagen kommen. Ursache hierfür ist eine Vorbeanspruchung der Fügeverbindung während des Setzvorganges.
Hierbei spielen insbesondere die Werkstoffpaarungen, sowie die Auslegung des
Fügeelementes eine entscheidende Rolle.

Ziel aktueller und zukünftiger Konstruktionen ist es die Auslegung immer weitere an den Grenzbereich zu bringen, um die bestmögliche Leichtbaugüte zu erzielen. Demzufolge ist entscheidend das bei der Berechnung der Fügestelle die aufgrund der Materialkombination in Verbindung mit der eingesetzten Fügetechnik möglichen resultierenden Vorbelastungen Berücksichtigung finden. Auf Basis dieser Erkenntnis ist die Gleichung (30) entsprechend um einen Sicherheitsfaktor SF zu ergänzen und die zu erfüllende Bedingung ermittelt sich wie folgt:

$$\sigma_{zul,Verbindungsstelle} > (\sigma_{Betrieb} + \sigma_{thermisch}) \times SF \qquad (31)$$

Für eine detaillierte Auslegung des Sicherheitsfaktors sind weiterführende Untersuchungen mit unterschiedlichen Werkstoffkombinationen erforderlich. Da dies jedoch nicht Schwerpunkt der vorliegenden Arbeit ist, wird der Sicherheitsfaktor auf Basis der vorliegenden Erkenntnisse mit $SF = 1{,}2$ festgelegt.

Anhand der aufgeführten theoretischen Betrachtungen von unterschiedlichen Wärmeausdehnungen bei gefügten Bauteilen, werden die im nachfolgenden Abschnitt beschriebenen Ansätze zur Lösung der Aufgabe abgeleitet.

5.5 Einflussgrößen auf die Fügbarkeit

Anhand der in Kapitel 2.4 erläuterten Zusammenhänge zur Wärmeausdehnung im Mischverbund, sowie die Betrachtung der geometrischen und werkstofflichen Beeinflussungsmöglichkeiten, kann die Darstellung der Fügbarkeit aus Abschnitt 4 wie in Darstellung 5-16 detailliert werden.

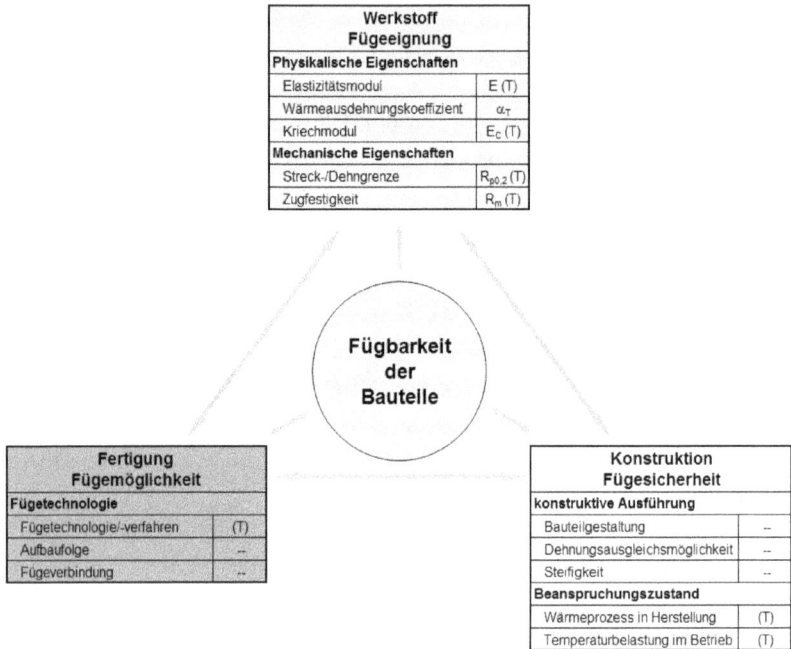

Werkstoff Fügeeignung	
Physikalische Eigenschaften	
Elastizitätsmodul	E (T)
Wärmeausdehnungskoeffizient	α_T
Kriechmodul	E_C (T)
Mechanische Eigenschaften	
Streck-/Dehngrenze	$R_{p0,2}$ (T)
Zugfestigkeit	R_m (T)

Fügbarkeit der Bauteile

Fertigung Fügemöglichkeit	
Fügetechnologie	
Fügetechnologie/-verfahren	(T)
Aufbaufolge	--
Fügeverbindung	--

Konstruktion Fügesicherheit	
konstruktive Ausführung	
Bauteilgestaltung	--
Dehnungsausgleichsmöglichkeit	--
Steifigkeit	--
Beanspruchungszustand	
Wärmeprozess in Herstellung	(T)
Temperaturbelastung im Betrieb	(T)

Abbildung 5-16: Detaillierung der Fügbarkeit

Auf dieser Basis leiten sich die nachfolgend aufgeführten Ansatzpunkte zur Lösung der Aufgabe ab:

- Auswahl einer geeigneten Fügetechnologie, -verbindung,
- Reduzierung der über die Prozesskette auftretenden Temperaturen,

- Erhöhung der Biegesteifigkeit durch konstruktive bzw. geometrische Auslegung und

- geeignete Werkstoffauswahl und –kombination.

Die genannten Beeinflussungskriterien, sowie deren Inhalte sind nachfolgend näher erläutert.

5.5.1 Fügetechnik

Innerhalb des Herstellprozesses ist die Temperatur der angewendeten Fügetechnik für die Erstellung der Mischverbindung zu betrachten. In Abhängigkeit des eingesetzten Verfahrens ist eine maßgebende Größe die erforderliche Prozesstemperatur. Hierbei ist im Wesentlichen zwischen thermischen und mechanischen Prozessen zu unterscheiden. Während die mechanischen Fügetechnologien, wie das FDS-Schrauben und die unterschiedlichen Nietverfahren als praktisch kalte Verbindungstechniken gelten, ist bei den thermischen Verfahren der Einfluss der Prozesstemperatur zu berücksichtigen.

Über die Prozessführung kann aber auch die in die Fügepartner eingetragene Energie beeinflusst werden, z.B. durch Realisierung eines Lötprozesses, anstelle eines Schweiß-Löt-Verfahrens.

Am Beispiel einer Stahl-Aluminium-Verbindung können nachfolgende Temperaturen als Richtwert herangezogen werden /69/:

⇨ Schweißprozess mit AlSi-Basis-Lot: >660 °C

⇨ Lötprozess mit Zn-Basis-Lot: >400 °C

Aus dem Energieeintrag in die Bauteile resultieren unterschiedliche Wärmedehnungen während des Fügens. Der Zustand der ungleichen Längenänderung wird über die Fügeverbindung eingefroren. Dies ist bei der konstruktiven Auslegung entsprechend vorzuhalten und insbesondere bei der Gestaltung des Nahtendes zu berücksichtigen. In Abbildung 5-17 ist der Prozess der unterschiedlichen Wärmedehnung vereinfacht dargestellt und darauf aufbauend die Berechnung abgeleitet.

1. Schritt: Wärmedehnung durch thermisches Fügen:

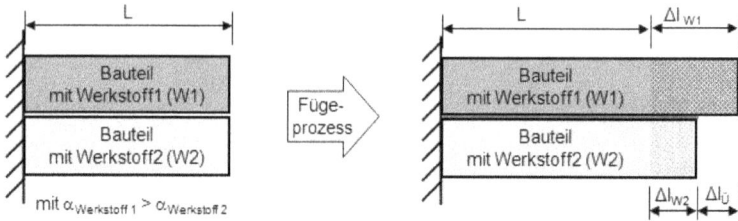

Abbildung 5-17: Wärmedehnung während des thermischen Fügens

Basierend auf den Herleitungen aus Abschnitt 2.4, errechnet sich der im noch warmen Zustand einstellende Längenunterschied der Fügepartner nach dem thermischen Fügen zu

$$\Delta l_{\ddot{U}} = \Delta l_{W1} - \Delta l_{W2} = L \times (\alpha_{W1} \times \Delta T_{W1} - \alpha_{W2} \times \Delta T_{W2}) . \qquad (32)$$

Unter Verwendung der lineare Wärmeausdehnung (4; 5) auf $\Delta l_{\ddot{U}}$ errechnet sich des bleibende Überstand $L_{\ddot{U}}$ zu

$$L_{\ddot{U}} = \frac{L \times (\alpha_{W1} \times \Delta T_{W1} - \alpha_{W2} \times \Delta T_{W2})}{1 + \alpha_{W1} \times \Delta T_{W1}}. \qquad (33)$$

In der nachfolgenden Abbildung sind diese Zusammenhänge während des Abkühlens schematisch dargestellt.

2. Schritt: gehemmte Schrumpfung bei Abkühlung:

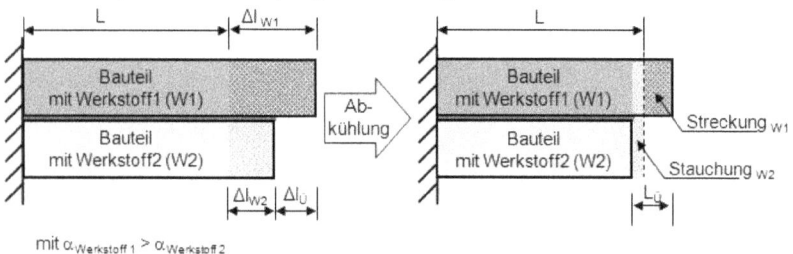

Abbildung 5-18: Abkühlverhalten nach dem thermischen Fügen

Basierend auf der Abkühlung der Bauteile resultieren Spannungen, da sich die Ausgangslänge L der Fügepartner nicht wieder einstellen kann. Diese Spannungen basieren auf dem bleibenden Überstand und errechnen sich zu

$$L_{\ddot{U}} = Streckung_{W1} + Stauchung_{W2}. \tag{34}$$

Unter Anwendung der Systematik aus Abschnitt 2.4 ergibt sich

$$Streckung_{W1} = \frac{\sigma_{W1} \times (L-L_0)}{E_{W1}} \text{ und } Stauchung_{W2} = \frac{\sigma_{W2} \times L}{E_{W2}}. \tag{35; 36}$$

Aufgrund der Gleichgewichtsbedingung und unter Verwendung des linear-elastischen Verhaltens von Werkstoffen (8) ergibt sich aus (34-36) die Kraft im Verbund zu

$$F_{Verbund} = \frac{L_0 \times (A_{W1} \times E_{W1}) \times (A_{W2} \times E_{W2})}{(L-L_0) \times A_{W2} \times E_{W2} + L \times A_{W1} \times E_{W1}}. \tag{37}$$

Die theoretische Herleitung zeigt, dass die Belastung in der Verbindung im Wesentlichen durch die Ausprägung des Überstandes LÜ gebildet wird. Nur mit

$$\alpha_{W1} \times \Delta T_{W1} - \alpha_{W2} \times \Delta T_{W2} \to 0 \tag{38}$$

kann der Überstand vermieden und eine Spannungsbildung verhindert werden.

5.5.2 Temperatur

Die beaufschlagte Temperatur, welche ein Bauteil bzw. deren Komponenten über den Lebenszyklus unterliegt, beeinflusst direkt die Auswirkungen einer Mischverbindung. Hier gilt es zu betrachten, welche Temperaturzonen auftreten (s. auch Abschnitt 2.3) und welche durch geeignete Maßnahmen umgangen werden können.

Am Beispiel der Automobilindustrie treten die kritischen Temperaturen im Lackierprozess. Mittels einer geeigneten Gestaltung der Fügezone, sowie der Aufbaureihenfolge ist eine Verlagerung der eigentlichen Fügeoperation im Anschluss an den

Lackdurchlauf zu favorisieren. Die Machbarkeit gilt es im Detail zu analysieren, da allen Anforderungen der Prozesskette Rechnung zu tragen ist.

5.5.3 Konstruktive Bauteilgestaltung

Die auftretenden Spannungen durch die unterschiedlichen Wärmeausdehnungs-koeffizienten der Werkstoffe können zur Wellen- und Beulenbildung in der Ober-fläche führen. In Abschnitt 5.2 wurde die Beeinflussung der kritischen Beulspan-nung erläutert und gezeigt dass über die Bauteildicke nur bedingt die Beulsteifig-keit beeinflusst werden kann. Durch eine Erhöhung der Blechdicke wird schnell die eigentlich gewünschte Gewichtseinsparung aufgezehrt ohne die Beulsteifigkeit zu gewährleisten. Eine wesentlich effizientere Maßnahme ist die Veränderung der Bauteilgeometrie, z.B. über die Krümmung oder aber auch durch Versteifungen bzw. auch Kombinationen von beidem. Sind solche Maßnahmen möglich, sind diese einer Dickenanpassung vorzuziehen, da hierüber der Leichtbaugüte im We-sentlichen unbeeinflusst bleibt.

5.5.4 Werkstoff

Die werkstofflichen Betrachtungen haben die Relevanz der mechanischen Eigen-schaften bestätigt und die Beeinflussbarkeit im Bezug auf die Folgen aus den un-terschiedlichen Ausdehnungskoeffizienten aufgezeigt.

Am Beispiel des wichtigen Leichtbauwerkstoffes Aluminium lassen sich Eigen-schaften durch Zulegieren von metallischen Elementen, wie Magnesium, Silizium, Kupfer, Zink und Mangan /30/, direkt beeinflusst werden. Die für Außenhaut-Applikationen eingesetzten Aluminium-Werkstoffe entsprechen der AlMgSi-Gruppe und sind aushärtbar. Für diesen Verwendungszweck ist insbesondere ein fließfigurenfreies Umformvermögen entscheidend. Bisherige Werkstoffe, wie z.B. EN AW-AlMg0,6Si0,6V erreichen dies nur bei einer Streckgrenze von ca. 120 MPa. Neue Werkstoffentwicklungen, wie EN AW-AlSi1,2Mg0,4, haben es er-möglicht diese Eigenschaft auch bei einer erhöhten Streckgrenze sicherzustellen. So kann im Vergleich zu den bisherigen Werkstoffen durch dessen Einsatz mit einer Erhöhung der Streckgrenze von bis zu 12,5% (s. Abschnitt 6.1; Tabelle 6-1), sowohl im T4- als auch im T6-Zustand des Werkstoffes, gerechnet werden /30/. Dies ist insbesondere für das Beulverhalten, wie in Abschnitt 5.3 gezeigt wurde, von Relevanz.

Die für den Automobilbau wichtigsten Aluminium-Knetlegierungen sind in dem nachfolgenden Spannungs-Dehnungsdiagramm abgebildet.

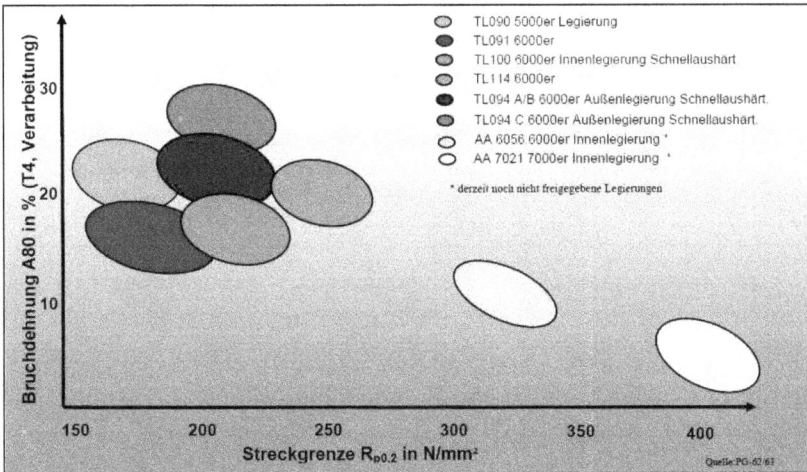

Abbildung 5-19: Dehnungs-Spannungsdiagramm von Aluminium-Werkstoffen /30/

Ebenso bei den Stahl-Werkstoffen liegt eine Unterscheidung in Festigkeitsklassen vor. Im Automobilbau spielen für die Außenhaut-Bauteile die weichen, kaltumformbaren Tiefziehstähle eine wesentliche Rolle. Diese zeichnen sich primär durch gute Umform- und Tiefzieheigenschaften aus.

Die höheren Festigkeitsklassen werden in der Regel in der Karosseriestruktur zum Einsatz gebracht, um den Anforderungen hinsichtlich der Fahrzeugsicherheit und des Insassenschutzes gerecht zu werden. Da bei Mischbau-Konstruktionen häufig die Anbindung an die Unterstruktur erfolgt, kann es notwendig sein dass auch diese Werkstoffeigenschaften bei der Betrachtung zu berücksichtigen sind.

In der nachfolgenden Abbildung sind die Stahlklassen im Dehnungs-Spannungs-diagramm abgebildet.

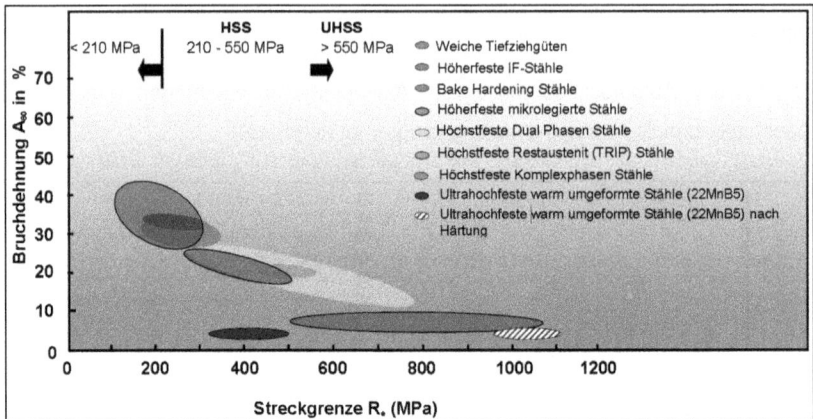

Abbildung 5-20: Dehnungs-Spannungsdiagramm von Stahl-Werkstoffen /30/

Auf Basis der durchgeführten theoretischen Betrachtungen werden im nachfolgenden Abschnitt allgemeingültige Lösungsansätze zur Beherrschung der unterschiedlichen Wärmedehnung bei Mischbaukonstruktionen abgeleitet.

6 VERSUCHSPLANUNG UND PROZESSANALYSEN

Anhand der beschriebenen Aufgabenstellung, wird in diesem Kapitel zum Einen die Versuchsplanung beschrieben, zum Anderen die zum Fügen der Bauteile verwendeten Prozesse näher analysiert, um deren Einfluss auf die $\Delta\alpha$-Problematik bewerten zu können. Darüber hinaus wird die Analysemethode vorgestellt, welche zur Bewertung des Oberflächeneinflusses herangezogen wird. Zielsetzung des Versuchsprogrammes ist es die in den vorherigen Kapiteln herausgearbeiteten Theorien zur $\Delta\alpha$-Problematik nachzuweisen.

6.1 Versuchsplanung

Auf Basis der theoretischen Betrachtungen, der Einflussgrößen auf die Fügbarkeit, sowie der Verallgemeinerung der Problemlösung anhand des Entscheidungsbaumes werden nachfolgend die Untersuchungs- und Variationsschwerpunkte aufgeführt.

Fügetechnik:

Für die Verbindung einer Aluminiumkomponente in eine Stahlstruktur stehen primär die mechanischen als auch die thermischen Fügeprozesse zur Verfügung (s. Abschnitt 3.2). Die Verwendung von Fügeverfahren aus beiden Gruppen ermöglicht auch deren Einfluss in die Problemstellung mit einzubeziehen.

Aufgrund der einseitigen Zugänglichkeit, auch in Anbetracht einer späteren Übertragung auf Karosseriestrukturen, wird der mechanische Fügeprozess durch das FDS-Schrauben repräsentiert. Dies stellt somit auch eine quasi kalte Verbindungstechnik dar. Bei den thermischen Verfahren werden für die Problemstellung das Löten in Kombination mit Flussmittel, sowie das Schweiß-Löten untersucht. Bei beiden Verfahrensvarianten dient der Laserstrahl als Energiequelle. Dies stellt auch bei den thermischen Prozessen eine Übertragbarkeit auf Karosseriestrukturen sicher und ergänzt somit auch die Einflussgröße der Fügetemperatur sinnvoll.

Temperatur:

Das der thermischen Beanspruchung zugrunde liegende Temperaturniveau stellt den größten Einflussfaktor im Mischbau dar. Im Rahmen der Praxisuntersuchungen soll die Auswirkung unterschiedlicher Temperaturen verifiziert werden. Ziel ist es über die Grenztemperatur zur plastischen Deformation mögliche Lösungsansätze, wie z.b. geänderte Fügefolgen, ableiten zu können.

Konstruktive Bauteilgestaltung:

Die konstruktive Auslegung der Bauteile kann zum Einen über die Bauteildicke, zum Anderen über die Bauteilform variiert werden. Die theoretischen Betrachtungen haben einen leichten Einfluss der Bauteildicke ergeben. Zur Analyse werden die Blechdicken zwischen 1,0 mm, und 1,25 mm variiert um den Einfluss innerhalb des Leichtbaupotentiales abbilden zu können. Dies stellt im Rahmen der Problemstellung eine noch sinnvolle Substitution des Stahldaches durch ein Aluminiumbauteil sicher. Durch unterschiedliche geometrische Auslegungen wird deren Einfluss ergänzend abgebildet und untersucht.

Werkstoff:

Für die Bestätigung der Theorien werden für die Aluminium-Bauteile der Modellstruktur und der Karosserie Legierungen der 6000er-Klasse verwendet. Aufgrund der Anforderungen durch auftretende Spannungen, werden zwei Werkstoffe aus unterschiedlichen Festigkeitsklassen eingesetzt. Um die Werkstoffoberfläche von Ölen, Fetten, Oxidschichten und sonstigen Verunreinigungen zu befreien, durchlaufen die Versuchsteile vor Verwendung einen Wasch-Beiz-Passivierungs-Prozess. Hierdurch werden reproduzierbare Bedingungen für die zum Einsatz kommende Fügetechnik geschaffen.

Die Kennwerte der in den Untersuchungen berücksichtigten Aluminium-Werkstoffe können aus Tabelle 6-1 entnommen werden.

Für den Aufbau des Rahmens der Modellstruktur kommt der kaltgewalzte Qualitätsstahl DC06 +ZE75/75 zum Einsatz. Dieser besitzt gute Tiefzieheigenschaften und wird im Stahl-Karosseriebau für Außenhautapplikationen in heutigen Serienfahrzeugen verwendet. Aus Korrosionsschutzgründen ist der Werkstoff beidseitig elektrolytisch verzinkt. Aufgrund der presswerktypischen Verunreinigungen, wie Öle, Schmierstoffe, etc. werden die Komponenten vor der Versuchsdurchführung manuell gereinigt.

In Tabelle 6-2 sind die wesentlichen Eigenschaften des eingesetzten Stahlwerkstoffes aufgeführt.

Tabelle 6-1: Kennwerte der eingesetzten Aluminium-Werkstoffe

Aluminiumwerkstoff /75/	EN AW-Al Mg0,6Si0,6V	EN AW-Al Si1,2Mg0,4
Technische Lieferbedingung	TL094	TL114
Blechdicke t_d	1,04; 1,15; 1,2 mm	1,04; 1,15; 1,2 mm
Streckgrenze $R_{p0,2}$ (T4-Zustand)	< 120 MPa	< 150 MPa
Zugfestigkeit R_m (T4-Zustand)	< 190 MPa	< 250 MPa
Streckgrenze $R_{p0,2}$ (T6-Zustand)	≥ 200 MPa	≥ 250 MPa
Zugfestigkeit R_m (T6-Zustand)	≥ 240 MPa	≥ 310 MPa
Beschichtung/Vorbehandlung	gewaschen, gebeizt, passiviert	gewaschen, gebeizt, passiviert

Tabelle 6-2: Kennwerte des eingesetzten Stahl-Werkstoffes

Stahlwerkstoff /76/	DC06 +ZE75/75
Blechdicke t_d	0,8 mm
Streckgrenze R_m	270-350 MPa
Zugfestigkeit $R_{p0,2}$	120-190 MPa
Beschichtung/Vorbehandlung	beidseitig elektrolytisch verzinkt: 7,5 µm, phosphatiert

6.2 Fügeprozess-Analyse

Im nachfolgenden werden die zum Einsatz kommenden Fügeverfahren genauer analysiert. Insbesondere bei den thermischen Fügeverfahren dienen die detaillierten Temperaturmessungen als Grundlage für eine Prozesssimulation (s. Abschnitt 6.4). Auf dieser Basis kann ein Abgleich zwischen Simulation und Praxisversuchen erfolgen, das Simulationsmodell verifiziert und die Übertragbarkeit der Simulationsergebnisse sichergestellt werden.

6.2.1 Thermische Fügeverfahren

Durch den deutlichen Unterschied im Ausdehnungskoeffizienten von Aluminium zu Stahl ($\alpha_{Al}/\alpha_{St} = 1{,}97$) resultiert bereits während des Fügens eine Längenunterschied. Da dieser Zustand durch die Fügetechnik weitestgehend „eingefroren" wird, entstehen beim Abkühlen der Bauteile Spannungen. Durch den deutlich höheren E-Modul von Stahl ($E_{St} = 210 \cdot 10^3$ N/mm² zu $E_{Al} = 70 \cdot 10^3$ N/mm²) gibt dieser die resultierende Dehnung im Gesamtsystem vor (s. Abschnitt 2.4). In Folge unterliegt das Aluminium verbunden mit entsprechenden Spannungen einer Zwangsschrumpfung /19/. Bei thermisch gefügten Bauteilen können so Spannungen in der Verbindung induziert werden und sich in Form von Beulen und Einfallstellen ausprägen. Um dies zu vermeiden, muss die durch den Fügeprozess bedingte thermische Längenänderung so gering wie möglich gehalten werden und folglich das Verfahren einen möglichst geringen Wärmeeintrag aufweisen (s. Abschnitt 5.5.1).

Für die nachfolgenden Untersuchungen werden die beiden relevanten thermischen Prozesse näher betrachtet. Schwerpunkt der Prozessanalysen ist der verfahrensspezifische Wärmeeintrag, um hieraus nachfolgend den Einfluss auf das Bauteil spezifizieren zu können.

Zur Ermittlung der Temperaturkennlinien wurde der in Abbildung 6-1 schematisch dargestellte Messaufbau realisiert.

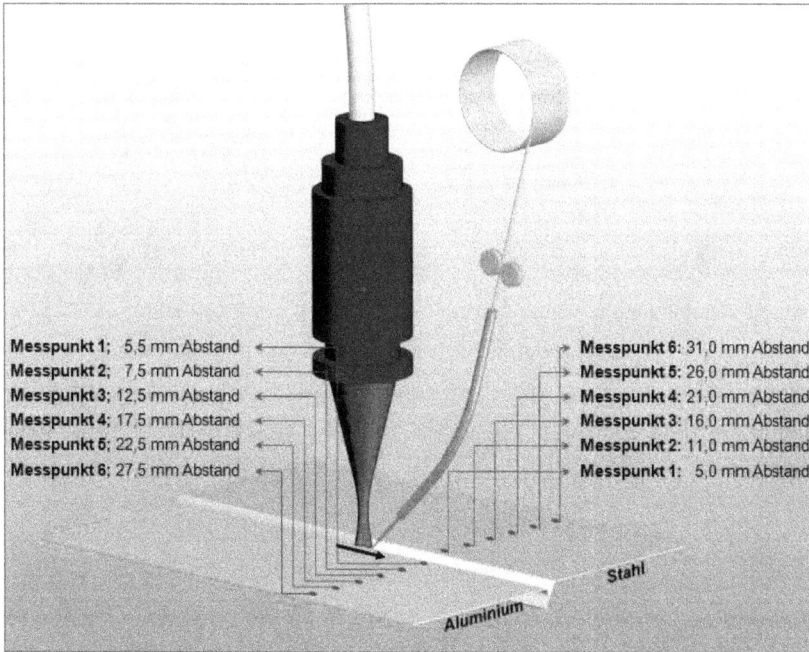

Messpunkt 1;	5,5 mm Abstand
Messpunkt 2;	7,5 mm Abstand
Messpunkt 3;	12,5 mm Abstand
Messpunkt 4;	17,5 mm Abstand
Messpunkt 5;	22,5 mm Abstand
Messpunkt 6;	27,5 mm Abstand

Messpunkt 6:	31,0 mm Abstand
Messpunkt 5:	26,0 mm Abstand
Messpunkt 4:	21,0 mm Abstand
Messpunkt 3:	16,0 mm Abstand
Messpunkt 2:	11,0 mm Abstand
Messpunkt 1:	5,0 mm Abstand

Stahl

Aluminium

Abbildung 6-1: schematische Darstellung der Temperaturmessung im Versuchsaufbau

Schweiß-Löt-Verfahren:

Um eine Schweiß-Lötverbindung zu ermöglichen, ist auf der Aluminiumseite eine hohe Energiedichte erforderlich, um ein Aufreißen der Oxidschicht zu ermöglichen und somit eine Einschweißung sicherzustellen. Die wesentlichen Parameter des Schweiß-Löt-Verfahrens, sowie die resultierenden Temperaturkurven in den Fügepartnern sind in der Abbildung 6-2 aufgeführt.

Die aus dem Prozess resultierenden Temperatur-Differenzen zwischen den Fügepartnern, in Kombination mit den unterschiedlichen Werkstoffeigenschaften verstärken zusätzlich die Problematik der unterschiedlichen Ausdehnungskoeffizienten.

Löt-Verfahren:

Durch die Verwendung von Flussmitteln wird die Oxidschicht chemisch aufgeris-
sen und ermöglicht bei geringeren Prozesstemperaturen die direkte Benetzung mit
den Grundwerkstoffen. Die anhand der spezifischen Prozessparameter mit

$$S = \frac{P}{v} \qquad (39)$$

ermittelte Streckenenergien /74/ (s. Abb. 6-2; 6-3) zeigen dass zur Realisierung
einer Lötverbindung diese gegenüber dem Schweiß-Löt-Prozess auf ca. 70% reduziert werden. Dies lässt vermuten dass die durch den Prozess initiierten thermischen Spannungen geringer sind. In Abbildung 6-3, sind die wesentlichen Kenngrößen des Löt-Verfahrens sowie die resultierenden Temperaturkurven dargestellt.

Im Vergleich der durchgeführten Temperatur-Messungen beider Verfahren zeigt
sich, dass sich der Unterschied im Energieeintrag primär im Aluminium-Bauteil
darstellt. Hierbei spiegelt sich die Reduzierung der Streckenenergie direkt im
Temperaturprofil wieder. Dieser Sachverhalt begünstigt das Verhalten der Komponenten während der Prozessdurchführung und reduziert die Problematik der
unterschiedlichen Wärmeausdehnung.

Generell ist bei Lötverbindungen zu beachten, dass die Festigkeit der Verbindung
mit abnehmender Prozesstemperatur ebenfalls abnimmt /29/. Im Rahmen der
durchgeführten Fertigungsversuche konnte in dem konkreten Anwendungsfall für
beide Verfahren übertragbare Kräfte analog der Grundwerkstoffe erzielt werden
/32, 33/. Das Prozessfenster für die Erzielung einer qualitätsgerechten Verbindung
ist bei dem Schweiß-Löt-Verfahren aufgrund der Phasenbildung deutlich geringer.

Darüber hinaus ist in den Messkurven ein Versatz des Temperaturanstieges auf
der Zeitachse ersichtlich. Die Ursache hierfür kann auf den Versuchsaufbau zurückgeführt werden. Die relative Lage der Messpunkte in Prozessrichtung, sowie
der Zeitpunkt des Beginns der Messaufnahme definieren den Versatz der Temperaturänderung.

Schweiß-Löt-Prozess:
  Fokusdurchmesser: 2,76mm
  Laserleistung: 3,3 kW
  Prozessgeschwindigkeit: 2,0 m/min
  Drahtfördermenge: 3,25 m/min
  Zusatzwerkstoff: AlSi3Mn1
  Streckenenergie: 99.000 J/m

Schliffbild der Fügeverbindung:

Temperatutverlauf Schweiß-Löt-Prozess (AlSi3Mn1) Aluminium-Dach

Temperaturverlauf Schweiß-Löt-Prozess (AlSi3Mn1) Stahl-Seitenwandrahmen

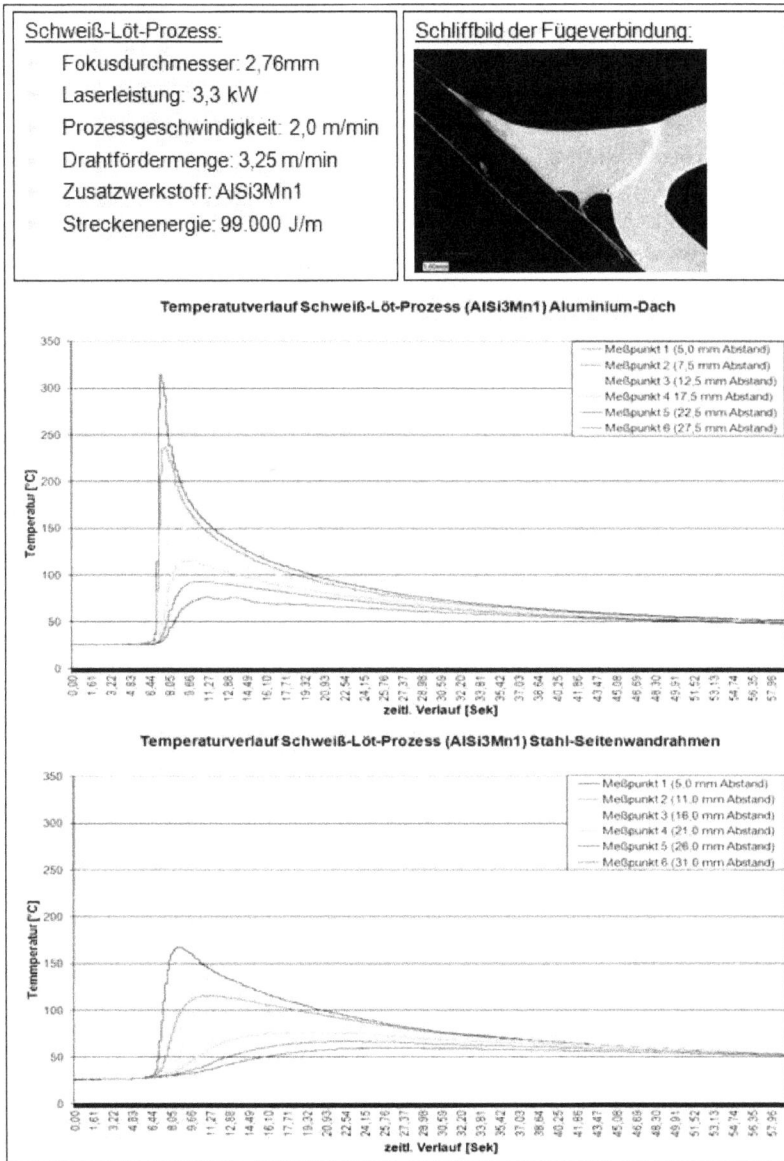

Abbildung 6-2: Prozesskenngrößen des Schweiß-Löt-Verfahrens

Löt-Prozess mit Flussmittel:	Resultierende Prozessgrößen:
Fokusdurchmesser: 2,76mm Laserleistung: 3,3 kW Prozessgeschwindigkeit: 2,5 m/min Drahtfördermenge: 2,9 m/min Zusatzwerkstoff: ZnAl15 Flussmittel: CS Paint Flux Typ F-LH2 Streckenenergie: 68.275 J/m	

Temperatutverlauf Löt-Prozess (ZnAl15) Aluminium-Dach

Temperaturverlauf Löt-Prozess (ZnAl15) Stahl-Seitenwandrahmen

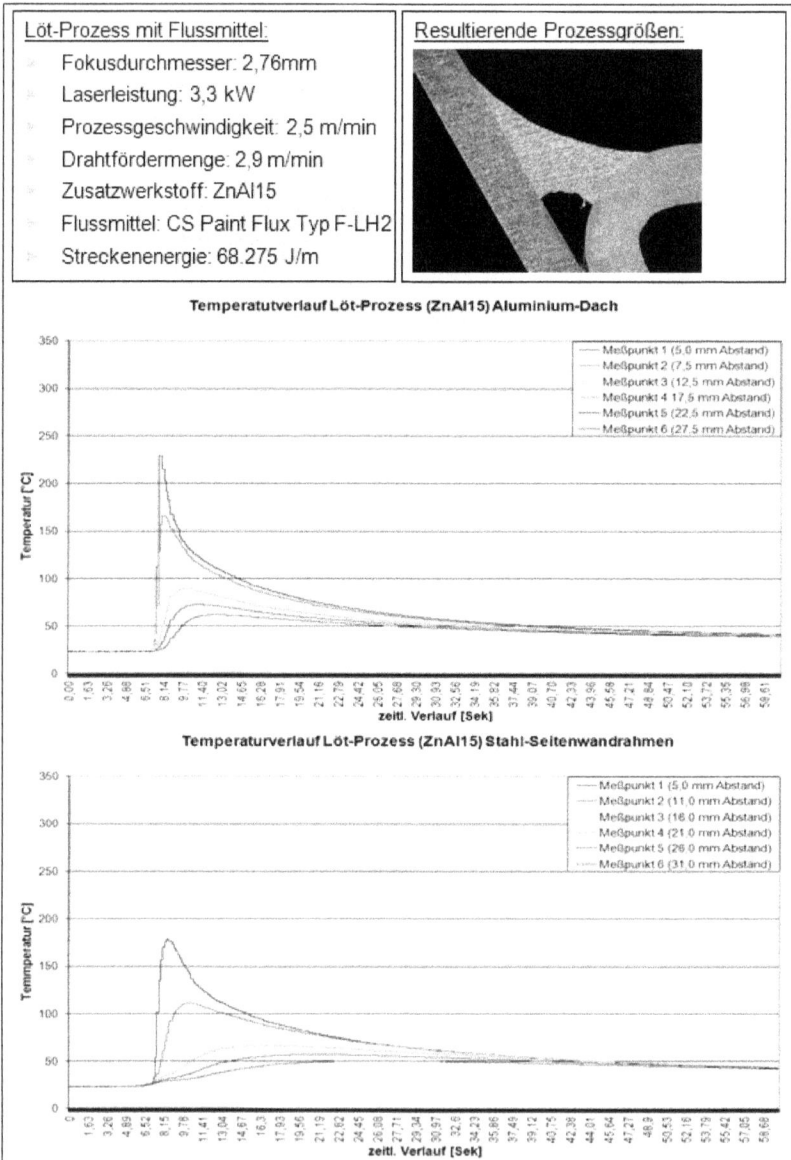

Abbildung 6-3: Prozesskenngrößen des Löt-Verfahrens

6.2.2   Mechanische Fügeverfahren

Das mechanische Fügen der Aluminiumkomponenten im Stahlrahmen wird über selbstfurchende Schrauben realisiert. Da dieses Fügeverfahren keinen relevanten Temperatureintrag generiert, ermöglicht dies unter dem Fokus der $\Delta\alpha$-Problematik ein nahezu spannungsfreies Fügen der Bauteile. Die wesentlichen Prozessdaten sind in der nachfolgenden Darstellung aufgeführt.

Schraub-Prozess:	Schliffbild der Fügeverbindung:
Schraubentyp: M4 x 20mm Beschichtung: t650 (zinklamellen Beschichtung nach TL245) Fügeabstand: 100 mm	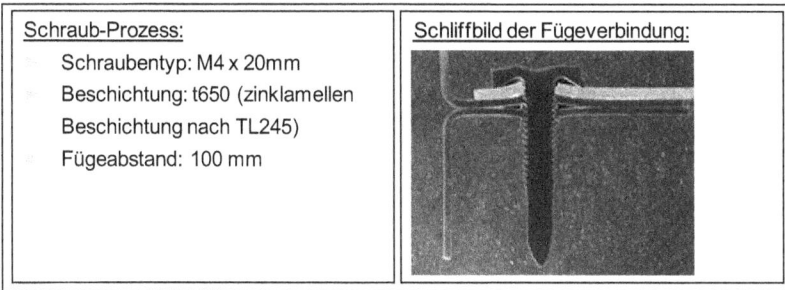

Abbildung 6-4: Prozessdaten des selbstfurchenden Schraubens

6.3   Optische Analysemethode

Zur Analyse des Einflusses der unterschiedlichen Wärmeausdehnungskoeffizienten auf die Bauteiloberflächen werden optische Verformungsmessungen an den Komponenten durchgeführt. Im Rahmen der Arbeit hat sich das ATOS-System der Firma GOM als geeignet erwiesen. Das nach dem Triangulationsprinzip arbeitende Verfahren ermöglicht es die Oberfläche 3-Dimensional zu digitalisieren und Abweichungen gegenüber einer Referenzmessung darzustellen.

Dieses Messprinzip ermöglicht eine visuelle flächige Darstellung der aus den unterschiedlichen Ausdehnungskoeffizienten der Fügepartner resultierenden plastischen Deformationen durch die Temperaturbelastung. Hieraus lässt sich die Wirksamkeit der untersuchten Variante grafisch darstellen und auswerten.

Die im Rahmen der Arbeit eingesetzten Bewertungsgrenzen beziehen sich auf dem Anwendungsfall einer Außenhaut-Anwendung im Automobilbau. Hierbei sind

die Anforderungen sehr hoch, da diese Bereiche direkt durch den Kunden einseh-
bar sind. Folglich sind punktuelle und lokal begrenzte Flächenabweichungen nicht
zulässig.

Die beschriebene Analysemethode nutzt den bereits gefügten Ausgangszustand
der Modellstruktur als Basismessung und gleicht die Veränderungen durch die
Temperaturprozesse ab. Folglich ist über den Einfluss der thermischen Fügeprozesse nur bedingt eine Aussage zu treffen. Um dennoch über die Auswirkungen
der thermischen Prozessführung bei Mischverbindungen Erkenntnisse zu erhalten,
wird dies unter Hilfenahme der Simulation im nachfolgenden Abschnitt analysiert.

6.4 Analyse des thermischen Fügeprozesses über Simulation

Zielstellung für die Verwendung der Simulation ist es die durch den Energieeintrag
der Fügetechnik resultierenden Vorschädigungen in den Bauteilen zu ermitteln,
welche durch die optischen Analysemethoden nur eingeschränkt bewertbar sind.

Hierzu wird ein bestehendes Simulationsmodell für Schweißanwendungen von
Aluminiumbauteilen /72/ auf den Anwendungsfall einer Mischverbindung angepasst. Dieses wird um die entsprechenden Lagerungs- bzw. Spannbedingungen
der Komponenten, sowie um die Werkstoffkenngrößen einer Stahl-Aluminium-
Verbindung erweitert. Hierbei sind die temperaturabhängigen Materialdaten für die
in der Modellstruktur verwendeten bzw. vergleichbaren Werkstoffen im Modell hin-
terlegt worden.

Neben den werkstofflichen Größen wurden die Lagerungs- und Spannbedingungen aus den praktischen Versuchen berücksichtigt und in das Modell implementiert. Die zuvor ermittelten Prozesstemperaturen (s. Abschnitt 6.2) dienen hierfür
als Referenz um das Modell abgleichen zu können.

Die prozessspezifischen Kenngrößen werden in Form einer punktuellen, linear
geführten Energiequelle in der Simulation abgebildet. Grundlage für die Auslegung
des Berechnungsmodelles sind die Prozessgeschwindigkeit und die Temperaturverteilung der Energiequelle. Nach ersten Simulationsläufen konnte durch die

Veränderung des Wirkungsgrades die Temperaturverteilung in den Werkstoffen zu den Messergebnissen angepasst werden (s. nachfolgende Abbildung). Hierdurch konnte eine Vergleichbarkeit der Prozessführung zwischen Simulation und Versuch sichergestellt werden.

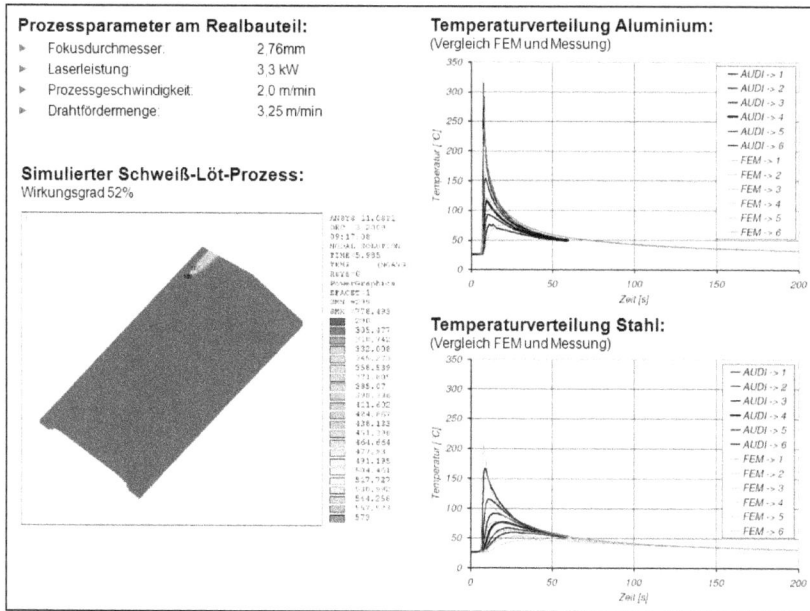

Abbildung 6-5: Simulationsgrundlagen des thermischen Fügeprozesses

Weitere Simulationsläufe zeigten keine oberflächlichen Veränderungen in den Fügepartnern, trotz nachweislich vorhandener Spannungen. Ursache hierfür ist dass das Modell von idealen Strukturen und Bauteilen ausgeht und sich somit die Spannungen innerhalb der neutralen Bauteilachse auswirken. Durch das gezielte Einbringen von Impacts, kleine Kraftimpulse auf die Bauteiloberfläche, wurden die Druck- und Zugspannungen aus der neutralen Bauteilachse gehoben, wodurch sich die Deformationen ausbilden konnten. Da es in realen Versuchen aufgrund von z.B. Fertigungs- und Herstelltoleranzen immer Abweichungen zum Ideal gibt ist durch die Maßnahme der Impakts diesem Fakt Rechnung getragen worden und somit auch die Übertragbarkeit der Simulationsergebnisse sichergestellt.

Die erzielten Ergebnisse aus der Simulation zeigen eine deutliche Verformung der Aluminium-Komponente durch den Fügeprozess. Aufgrund der unterschiedlichen Wärmeausdehnungen, ist die Folge ein ungleiches Längen der Bauteile während des Fügens. Dieser Zustand wird dann über die Fügenaht eingefroren. Während dem Abkühlen nehmen die resultierenden Spannungen zu und werden in Form von Wellen und Beulen in der Bauteiloberfläche sichtbar. Die Ausprägung der Deformationen ist im Wesentlichen über die Bauteilsteifigkeit beeinflusst. Während der Stahlrahmen aufgrund seiner hohen Steifigkeit und der geringen Beulfeldbreite keine deutlichen Deformationen aufweist, zeigt die Aluminiumkomponente in Abhängigkeit der geometrischen Ausprägung ein Beulverhalten. Dieser Sachverhalt ist in Abbildung 6-6 über das Simulationsergebnis am Beispiel des Schweiß-Löt-Prozesses für zwei Bauteilgeometrien verdeutlicht.

Während sich bei der ebene Platte ein durchgängiges Wellenbild einstellt, beschränkt sich bei der Standard-Geometrie, welche einer ebenen Platte mit mittiger Steife gleicht, die Verwerfung im Wesentlichen auf das freie Bauteilende, an welchem der Fügeprozess absetzt. Die größten Verwerfungen am Bauteilende können auf zwei Ursachen zurückgeführt werden. Zum Einen hat die zunehmende ungleiche Wärmedehnung der Bauteile während des Fügens am Ende der Naht ihr Maximum erreicht und generiert dort somit die größten Bauteilspannungen. Zum Anderen bildet das freie Bauteileende ohne jegliche Versteifungsmaßnahme den geringsten Wiederstand gegen Beulung. Das Zusammentreffen der beiden Effekte resultiert in einer maximalen Bauteildeformation.

Simulationsschwerpunkt:	Geometrie des Aluminium-Bauteiles:
Einfluss Bauteilgeometrie	s. Abbildung
Dargestellter Fügeprozess:	Eingesetzte Aluminium-Blechdicke:
Simulierter Schweiß-Löt-Prozess	Werkstoff: EN AW-AlMg0,6Si0,6V
Prozesstemperatur:	Blechdicke: 1,0 mm
s. Fügeprozess-Analyse, Abschnitt 6.2.1	

Darstellung 1: ebenes Blech   Darstellung 2: Standard-Bauteilgeometrie

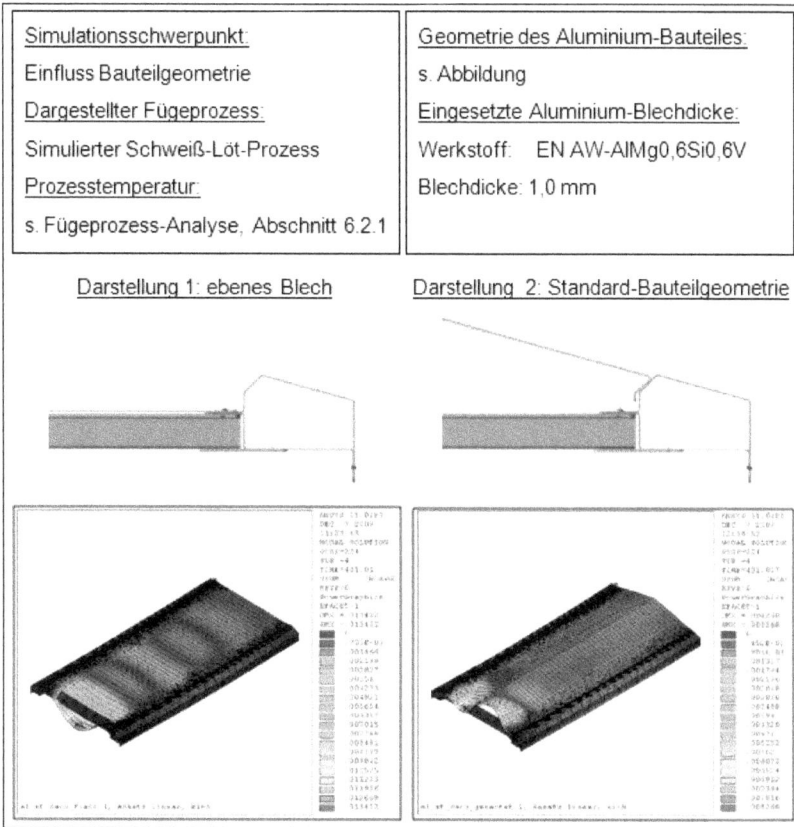

Abbildung 6-6: Simulation des Einflusses des thermischen Fügeprozesses auf Oberflächendeformation

Neben dem Einfluss der Bauteilgeometrie wurde im Weiteren die Auswirkung einer Blechdickenerhöhung im Rahmen der Simulation untersucht. Anhand der Ergebnisse zeigt sich dass die Deformationen am freien Bauteilende mit zunehmender Dicke zurückgehen, aber eine Querbiegung der Gesamtstruktur festgestellt werden kann. Dies lässt sich darauf zurückführen, dass die zunehmende Steifigkeit der Aluminiumkomponente die Biegesteifigkeit des Rahmens übersteigt und diesen beim Abkühlen in eine Durchbiegung zwingt.

Simulationsschwerpunkt:	Geometrie des Aluminium-Bauteiles:
Einfluss Blechdicke	
Dargestellter Fügeprozess:	
Simulierter Schweiß-Löt-Prozess	
Prozesstemperatur:	
s. Fügeprozess-Analyse, Abschnitt 6.2.1	Eingesetzte Aluminium-Blechdicke:
	Werkstoff: EN AW-AlMg0,6Si0,6V

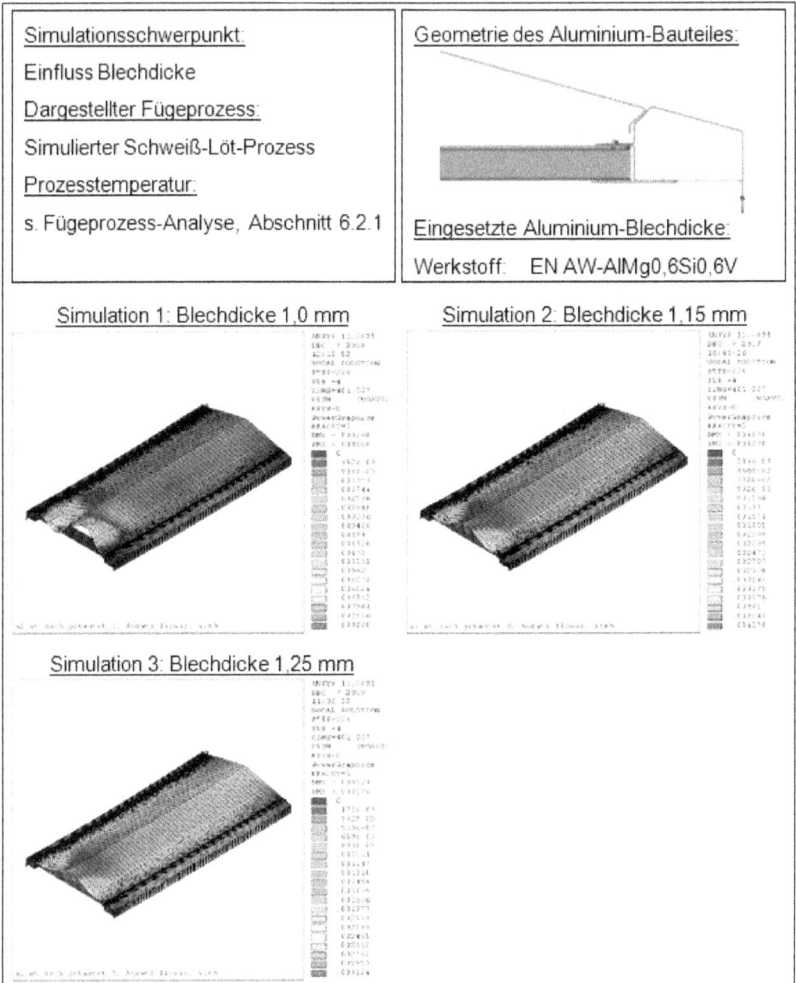

Abbildung 6-7: Simulation des Einflusses der Blechdicke beim thermischen Fügeprozess auf Oberflächendeformation

Im Vergleich zur Verwendung von FDS, wo die Bauteile nahezu spannungsfrei gefügt werden, lässt die durch den Fügeprozess initiierte Vorschädigung auf eine zusätzliche Reduzierung der Beulsteifigkeit insbesondere der Aluminiumkomponente schließen. Anhand der Versuchsdurchführung müsste die Annahme durch den Vergleich der eingesetzten Verfahren ersichtlich und somit auch zu bestätigen sein.

Da die im Rahmen der Versuchsdurchführung eingesetzte optische Oberflächen-auswertungen (s. Abschnitt 6.3) den Einfluss der Fügetechnik nicht berücksichtigt, ist das Simulationsergebnis in der Betrachtung und Diskussion der Ergebnisse zu berücksichtigen.

7 VERSUCHSDURCHFÜHRUNG UND AUSWERTUNG

Nachfolgend werden die an der Modellstruktur durchgeführten Untersuchungen aufgeführt und die Ergebnisse ausgewertet. Zur statistischen Absicherung der Untersuchungsinhalte wurden je Variante zwischen 3 und 5 Versuche durchgeführt. Die abgebildeten Ergebnisse sind exemplarisch für den jeweiligen Untersuchungsschwerpunkt. Für die qualitative Aussage der durchgeführten Versuchsreihe sind diese jedoch absolut repräsentativ.

7.1 Thermisch gefügt

Für die Untersuchungen an der Rahmenstruktur mittels thermischer Fügetechnik stehen wie in Kapitel 6.2 beschrieben, die Prozess-Varianten Löten und Schweiß-Löten zur Verfügung. Diese werden nachfolgend in Variation mit den Werkstoffen gegenübergestellt.

7.1.1 Einfluss Fügeprozess-Variante und Werkstoff

Bei den Untersuchungen zu den thermischen Prozess-Varianten zeigt sich die Auswirkung des in Abschnitt 6.2.1 ermittelten höheren Energieeintrages des Schweiß-Löt-Prozess gegenüber dem eines reinen Lötverfahrens. Die zur Erzielung eines Schmelzschweißprozess erforderliche Mehrenergie in der Aluminium-Komponente führt schon durch den Fügeprozess zu höheren Bauteilspannungen. Diese wirken sich in Folge der Temperatureinwirkung der Lackierprozesse in größeren plastischen Deformationen in der Aluminium-Komponente aus, s. Abbildung 7-1. Weiter ist zu beachten das die Oberflächenveränderungen, resultierend aus dem thermischen Fügeprozess, wie sie im Rahmen der Simulation ermittelt wurden (s. Abschnitt 6.3 - 6.4), nicht messtechnisch erfasst sind. Dies ist darin begründet, das über die Auswertung nur die Veränderungen der thermischen Folgeprozesse dargestellt wird. Die erzielten Ergebnisse unter den Qualitätsanforderungen einer sichtbaren Anwendung sind inakzeptabel. Die lokalen Verwerfungen sind zu prägnant ausgebildet und können nicht toleriert werden.

Auffällig bei der Auswertung der Oberflächenvermessungen sind die hohen Verwerfungen am rechten Rand der Aluminium-Komponente. Diese liegen bei allen durchgeführten Untersuchungen jeweils auf der Seite des Nahtendes und decken sich mit den Erkenntnissen aus der Simulation. Die Prozessrichtung beim Fügen ist jeweils von links nach rechts umgesetzt worden. Dies lässt darauf schließen, dass die Prozessrichtung hierfür ursächlich ist. Zur weiteren Analyse wurden die bleibenden Längenänderungen der Aluminiumkomponente relativ zum Stahlrahmen vermessen.

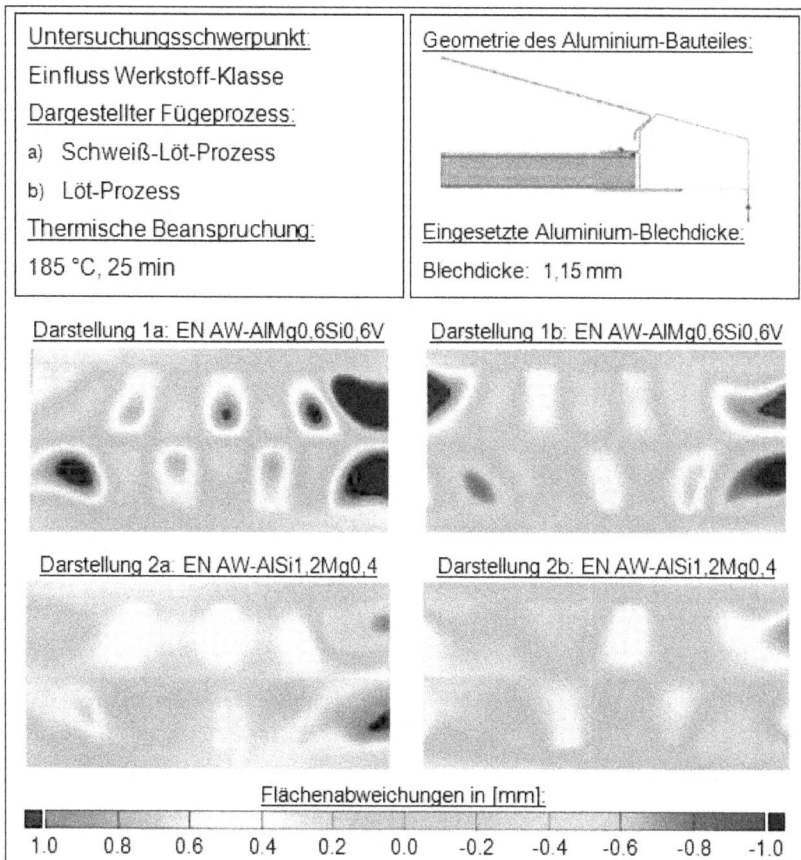

Untersuchungsschwerpunkt:	Geometrie des Aluminium-Bauteiles:
Einfluss Werkstoff-Klasse	
Dargestellter Fügeprozess:	
a) Schweiß-Löt-Prozess	
b) Löt-Prozess	
Thermische Beanspruchung:	Eingesetzte Aluminium-Blechdicke:
185 °C, 25 min	Blechdicke: 1,15 mm

Darstellung 1a: EN AW-AlMg0,6Si0,6V   Darstellung 1b: EN AW-AlMg0,6Si0,6V

Darstellung 2a: EN AW-AlSi1,2Mg0,4   Darstellung 2b: EN AW-AlSi1,2Mg0,4

Flächenabweichungen in [mm]:

1.0   0.8   0.6   0.4   0.2   0.0   -0.2   -0.4   -0.6   -0.8   -1.0

Abbildung 7-1: Einfluss des Aluminium-Werkstoffes bei thermisch gefügter Variante

Durch den Temperatureintrag des Löt- bzw. des Schweiß-Löt-Prozesses folgt eine thermische Ausdehnung von Stahl und Aluminium. Die Bauteile längen sich entsprechend ihrer Ausdehnungskoeffizienten unterschiedlich. Dieser Zustand wird durch die entstehende Verbindung weitestgehend eingefroren (s. Abschnitt 5.5.1). Der hieraus resultierende Zwangszustand kann somit als Ursache für die erhöhten Deformationen auf Seiten des Nahtendes nachgewiesen werden (s. Abb. 7-1).

In Abbildung 7-2 ist die bleibende Längung $L_ü$ der Aluminiumkomponente relativ zum Stahlrahmen für beide Prozessvarianten dargestellt. Durch den höheren Energieeintrag des Schweiß-Löt-Prozesses liegt diese um ca. 30 % höher als bei der reinen Löt-Variante. Dies entspricht auch annähernd dem in Abschnitt 6.2.1 ermittelten Streckenenergieunterschied der beiden Verfahren. Die Abweichungen können auf die unterschiedlichen Energieeinträge in die beiden Fügepartner zurückgeführt werden.

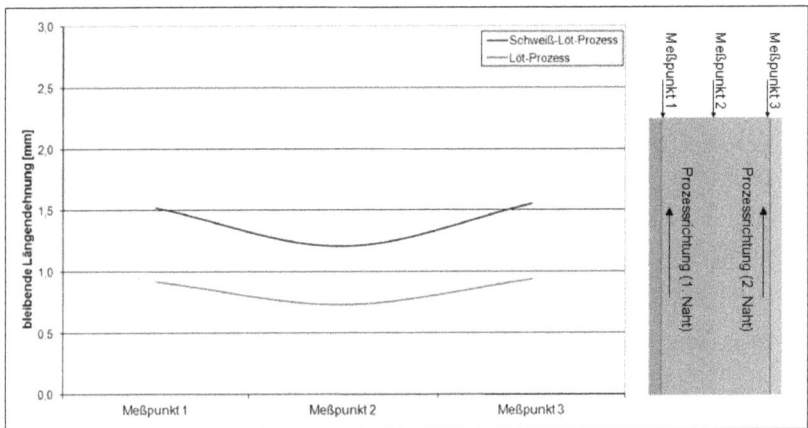

Abbildung 7-2: Prozessspezifische Längendehnung der Aluminiumkomponente

Mit dem Ziel der Vermeidung von plastischen Oberflächendefekten sind weitere Untersuchungen mit dem höherfesten Aluminiumwerkstoff durchgeführt worden. Aus der rund 12% höheren Streckgrenze des Materials, s. Abschnitt 5.5.4, folgt eine Reduzierung der bleibenden Verformungen sowohl beim Löt- als auch beim Schweiß-Löt-Prozess. Aber auch die hiermit erzielten Anmutungsqualitäten entsprechen nicht den hohen Qualitätsansprüchen für eine Anwendung im Sichtbereich.

Auf Basis der vorliegenden Ergebnisse wird für die weiteren Untersuchungen mittels thermischer Fügetechnik die Versuchsmatrix reduziert. Aufgrund des geringeren Potentiales des untersuchten Aluminium-Werkstoffes EN AW-AlMg0,6Si0,6V für die thermisch gefügte Stahl-Aluminium-Verbindung, sowie die Eignung des Schweiß-Löt-Prozesses, zur Lösung der Aufgabe, werden in den nachfolgenden Untersuchungen diese nicht weiter in Betracht gezogen. Der Schwerpunkt für die folgenden Analysen der thermischen Fügetechnik liegt beim Löt-Prozess in Kombination mit dem höherfesten Aluminiumwerkstoff unter Variation der Materialdicke.

7.1.2   Einfluss Materialdicke

Für die nachfolgenden Untersuchungsschritte werden die Materialdicken der Aluminium-Komponente variiert, um die Auswirkungen auf die plastische Deformationen ermitteln zu können. Das beste Ergebnis kann hierbei mit der Materialdicke von 1,25 mm erzielt werden. Die maximal ermittelte Beultiefe an der Rahmenstruktur kann durch diese Maßnahme im Mittel auf ca. 0,4 mm reduziert, s. Abbildung 7-3, jedoch nicht vermieden werden. Es treten weiterhin lokale plastische Deformationen in der Fläche auf. Eine weitere Erhöhung der Materialdicke würde das Ergebnis verbessern, wird aufgrund der Zielsetzung einer Gewichtseinsparung, wie im Rahmen der Versuchsplanung beschrieben, nicht weiterverfolgt.

Die Ergebnisse zeigen, dass mittels thermischer Fügetechnik eine Aluminium-Komponente in eine Stahl-Rahmenstruktur unter den gegebenen Rahmenbedingungen, sowie den Oberflächengesichtspunkten nicht zu realisieren ist.

Durch die Umsetzung der aufgeführten Maßnahmen

- Einsatz des Fügeverfahrens mit dem geringsten Energieeintrages,
- Verwendung eines hochfesten Aluminium-Werkstoffes und
- Erhöhung der Materialdicke auf 1,25 mm

konnte das Ergebnis verbessert aber die plastischen Deformationen nicht vermieden werden, s. Abbildung 7-3.

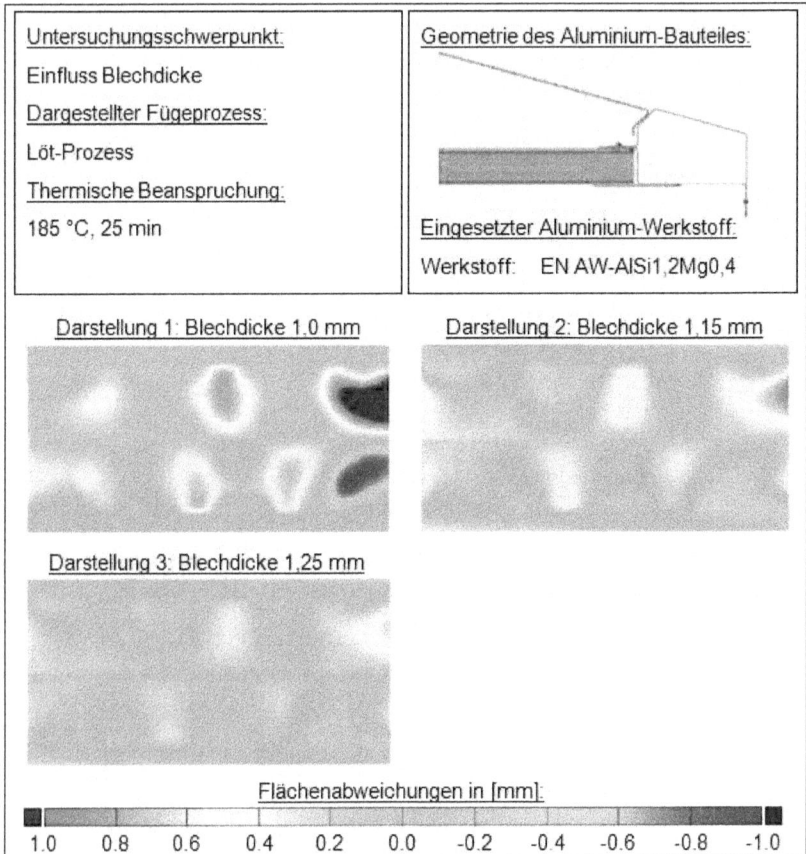

Untersuchungsschwerpunkt:	Geometrie des Aluminium-Bauteiles:
Einfluss Blechdicke	
Dargestellter Fügeprozess:	
Löt-Prozess	
Thermische Beanspruchung:	
185 °C, 25 min	Eingesetzter Aluminium-Werkstoff:
	Werkstoff: EN AW-AlSi1,2Mg0,4

Darstellung 1: Blechdicke 1,0 mm   Darstellung 2: Blechdicke 1,15 mm

Darstellung 3: Blechdicke 1,25 mm

Flächenabweichungen in [mm]:

| 1.0 | 0.8 | 0.6 | 0.4 | 0.2 | 0.0 | -0.2 | -0.4 | -0.6 | -0.8 | -1.0 |

Abbildung 7-3: Einfluss der Materialdicke bei Löt-Prozess-Variante

Die Qualitätsansprüche für einen Einsatz einer Stahl-Aluminium-Verbindung im Außenhautbereich können mit der thermischen Fügetechnik anhand der Untersuchungen an der Rahmenstruktur nicht erfüllt werden.

Um dieses Ergebnis an einer realen Applikation zu verifizieren, wird in Kapitel 8 dennoch die Umsetzung auf eine Karosserie beschrieben.

Neben den Erkenntnissen zur Oberflächenausbildung haben die Versuche aber auch gezeigt, dass bei einer Umsetzung der thermischen Fügetechnik der Bereich des Nahtendes einer besonderen konstruktiven Gestaltung bedarf.

Hierbei ist der sich einstellenden unterschiedlichen Längenausbildung der Füge-partner während und nach dem thermischen Fügen Rechnung zu tragen, sowie die erhöhten Steifigkeitsanforderungen im Bereich des Nahtendes sind konstruktiv zu berücksichtigen.

7.2 Mechanisch gefügt

In weiteren werde die mittels mechanischer Fügetechnik durchgeführten Untersu-chungen beschrieben.

7.2.1 Einfluss Fügeabstand

Im ersten Schritt wurde die Aluminiumkomponente mit unterschiedlichen Fügeab-ständen in den Stahlrahmen eingebracht. Hierbei wurden die Abstände zwischen minimal 50 mm und maximal 200 mm ausgeführt.

Die dabei erzielten Ergebnisse in Abbildung 7-4 zeigen dass durch die Variation der Fügeabstände kein nennenswerter Unterschied in der Oberflächenausbildung erzielt wird. Diese Erkenntnis deckt sich mit der Herleitung in Kapitel 2.4, Formel (13) für die entstehende Kraft aufgrund unterschiedlicher Ausdehnungskoeffizien-ten in einem Stahl-Aluminium-Verbund. Diese Kraft und somit die daraus resultie-rende Spannung, welche zu einer Verformung führt, ist unabhängig von der zu fügenden Länge der Bauteile.

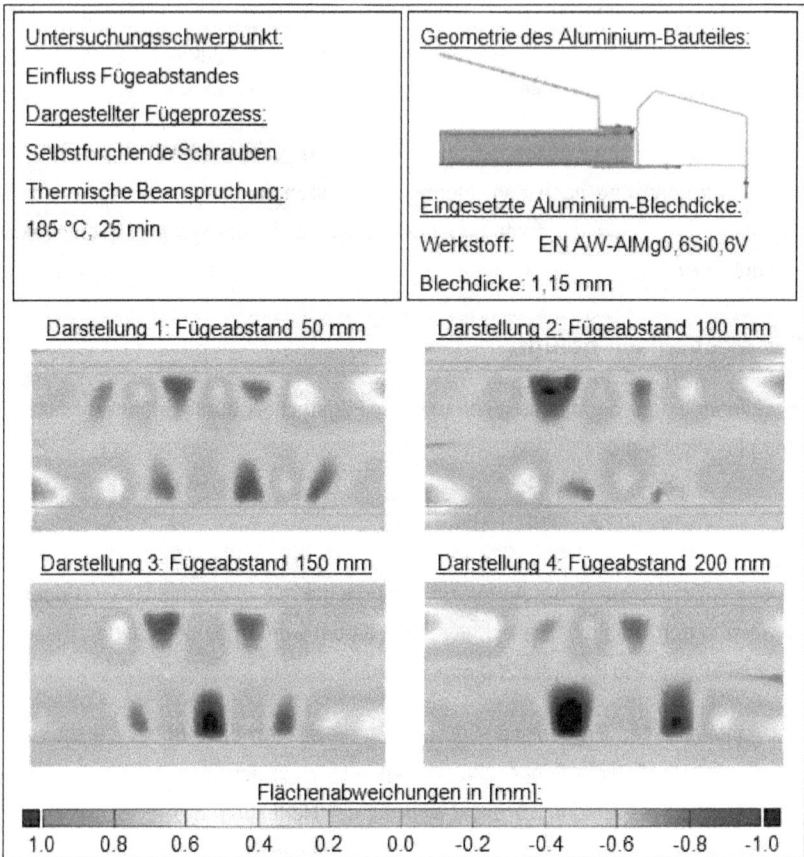

Untersuchungsschwerpunkt:	Geometrie des Aluminium-Bauteiles:
Einfluss Fügeabstandes	
Dargestellter Fügeprozess:	
Selbstfurchende Schrauben	
Thermische Beanspruchung:	Eingesetzte Aluminium-Blechdicke:
185 °C, 25 min	Werkstoff: EN AW-AlMg0,6Si0,6V
	Blechdicke: 1,15 mm

Darstellung 1: Fügeabstand 50 mm   Darstellung 2: Fügeabstand 100 mm

Darstellung 3: Fügeabstand 150 mm   Darstellung 4: Fügeabstand 200 mm

Flächenabweichungen in [mm]:

| 1.0 | 0.8 | 0.6 | 0.4 | 0.2 | 0.0 | -0.2 | -0.4 | -0.6 | -0.8 | -1.0 |

Abbildung 7-4: Einfluss des Fügeabstandes bei mechanisch gefügter Variante

Für die weiteren Untersuchungen, wird der Abstand zwischen den einzelnen Fügestellen auf 100 mm festgelegt.

7.2.2 Einfluss Bauteilgeometrie

Um den maximalen Gewichtsvorteil für den Einsatz der Aluminiumkomponente erzielen zu können, wird in den nachfolgenden Untersuchungen der Einfluss der Bauteilgestaltung analysiert. Ziel ist es die plastischen Deformationen durch die geometrische Auslegung zu reduzieren und die Zusammenhänge aus Kapitel 5.2 zu bestätigen.

Für die Untersuchungen werden drei Geometrien gegenübergestellt, welche unterschiedlichen Steifigkeiten aufweisen. Die Aluminium-Komponenten sind in der Materialstärke 1,15 mm aus dem Werkstoff EN AW-AlMg0,6Si0,6V gefertigt, um den Geometrieeinfluss analysieren zu können.

Anhand der topografischen Auswertung der drei Geometrien zeigt sich das durch die Gestaltung der Aluminiumkomponente das Beulverhalten beeinflusst werden kann. Mit zunehmender Aussteifung der Aluminium-Komponente, bzw. mit der Unterteilung der Flächen wird die lokale Beulbildung erheblich reduziert.

Das ebene Blech weißt die größten plastischen Deformationen auf, da dieses geometriebedingt den geringsten Widerstand gegenüber Verformungen aufbringt und die größte unausgesteifte Fläche besitzt. Die Abkantungen in der Standard-Geometrie erhöhen die Steifigkeit der Komponente und reduzieren zugleich die ebenen Flächen. Folglich kann die Beulung des Bauteiles verringert und eine deutliche Verbesserung gegenüber dem ebenen Blech ausgewiesen werden. Dies bestätigt den Zusammenhang zwischen der Reduzierung der Beulfeldbreite und der kritischen Beulspannung aus Kapitel 5.2.

Die messtechnisch erfassten Deformationen der optimierten Geometrie bilden sich in Form einer Biegung quer über die Rahmenstruktur aus. Hieraus lässt sich ableiten, dass die erzielte Steifigkeit der Aluminium-Komponente so groß ist, dass diese den gesamten Rahmen beeinflusst und somit zu einer Gesamtbiegung führt. Die weitere Reduzierung in der Ausprägung der Beulung resultiert wieder aus dem verkleinerten Beulfeld.

Untersuchungsschwerpunkt:	Eingesetzte Aluminium-Blechdicke:
Einfluss Fügeabstandes	Werkstoff: EN AW-Al Mg0,6Si0,6V
Dargestellter Fügeprozess:	Blechdicke: 1,15 mm
Selbstfurchende Schrauben	
Fügeabstand 100 mm	
Thermische Beanspruchung:	
185 °C, 25 min	

Darstellung 1: ebenes Blech

Darstellung 2: Standard-Bauteilgeometrie

Darstellung 3: optimierte Bauteilgeometrie

Flächenabweichungen in [mm]:

1.0   0.8   0.6   0.4   0.2   0.0   -0.2   -0.4   -0.6   -0.8   -1.0

Abbildung 7-5: Einfluss der Bauteilgeometrie bei mechanisch gefügter Variante

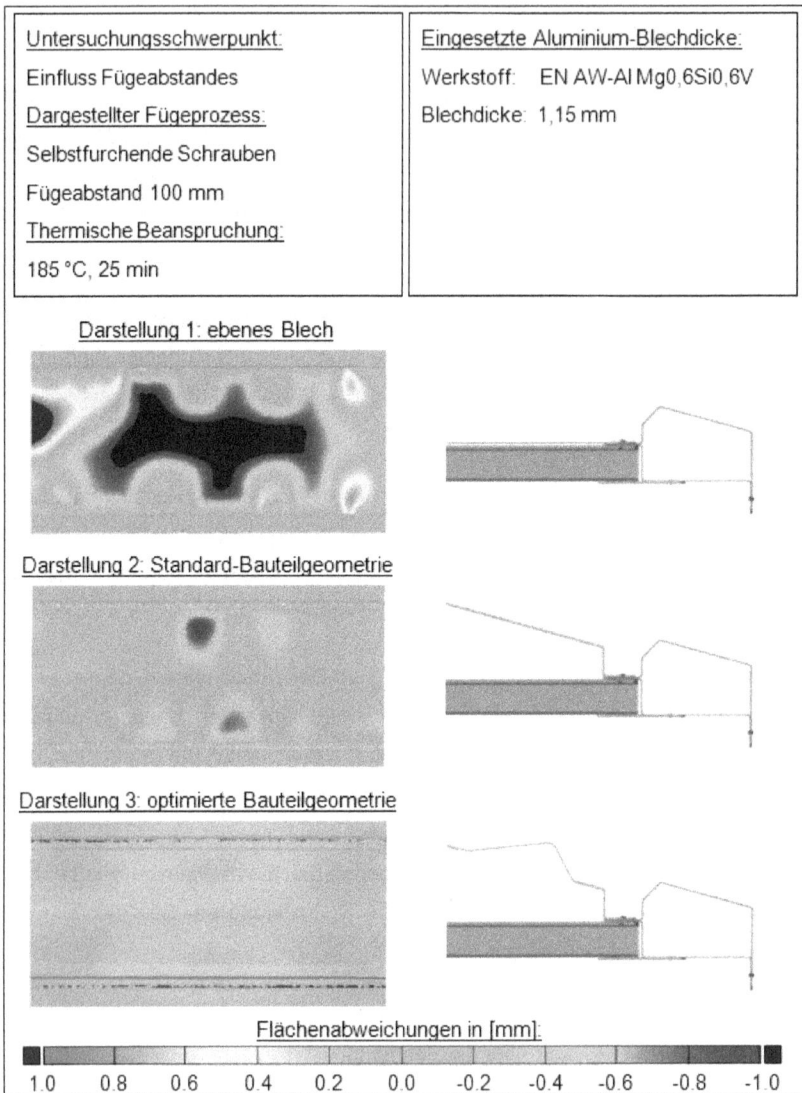

7.2.3 Einfluss Werkstoff

Wie auch bei den Untersuchungen zur thermischen Fügetechnik, werden bei der Schraublösung die verfügbaren Aluminium-Werkstoffe EN AW-AlMg0,6Si0,6V und EN AW-AlSi1,2Mg0,4 untersucht. Anhand der GOM-Auswertung zeigt sich eine reduzierte Beulenbildung in der Oberfläche der Aluminiumkomponente aus dem höherfesten Werkstoff.

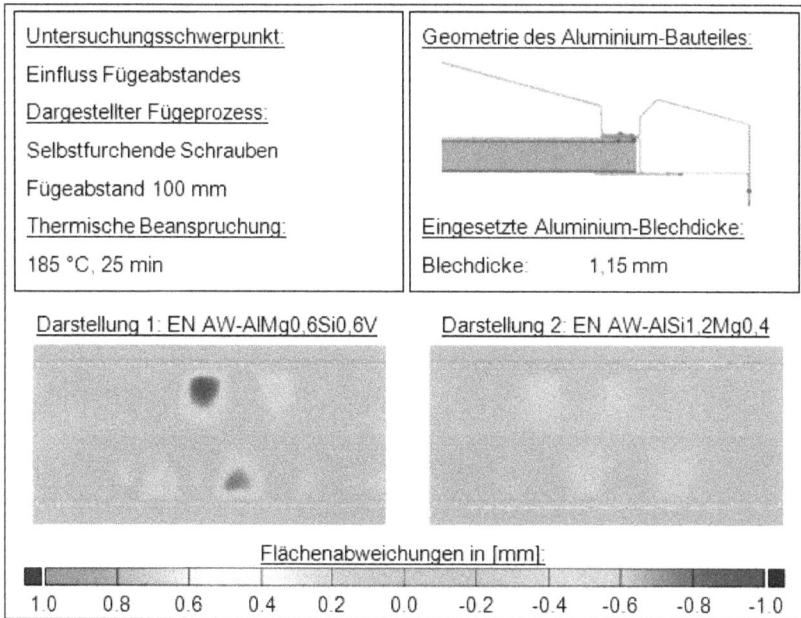

Untersuchungsschwerpunkt:	Geometrie des Aluminium-Bauteiles:
Einfluss Fügeabstandes	
Dargestellter Fügeprozess:	
Selbstfurchende Schrauben	
Fügeabstand 100 mm	
Thermische Beanspruchung:	Eingesetzte Aluminium-Blechdicke:
185 °C, 25 min	Blechdicke: 1,15 mm

Darstellung 1: EN AW-AlMg0,6Si0,6V   Darstellung 2: EN AW-AlSi1,2Mg0,4

Flächenabweichungen in [mm]:

1.0   0.8   0.6   0.4   0.2   0.0   -0.2   -0.4   -0.6   -0.8   -1.0

Abbildung 7-6: Einfluss des Werkstoffklasse bei mechanisch gefügter Variante

Durch die erhöhte Streckgrenze des Werkstoffes kann dieser mehr Spannungen im elastischen Bereich aufnehmen. Die Folge hieraus ist in etwa eine Halbierung der maximalen Beulentiefe in der Aluminiumoberfläche. Für Anwendungen im Sichtbereich, wie z.B. einer Dachapplikation eines Fahrzeuges, sind diese geringen Abweichungen auf Grund der lokalen Ausprägung dennoch nicht akzeptabel. Im Weiteren wird für den höherfesten Werkstoff, welcher das größte Potential zur Lösung der Aufgabe bietet, der Einfluss der Bauteildicke untersucht.

7.2.4 Einfluss Materialdicke

Durch eine Erhöhung der Materialdicke kann, wie Kapitel 5.2 beschrieben, die Beulsteifigkeit der Aluminium-Komponente auf Kosten der Gewichtseinsparung angehoben werden. In den dargestellten Versuchsgeometrien zeigt sich, dass mit zunehmender Materialdicke die Oberflächendeformationen deutlich abnehmen, aber nicht vermieden werden können.

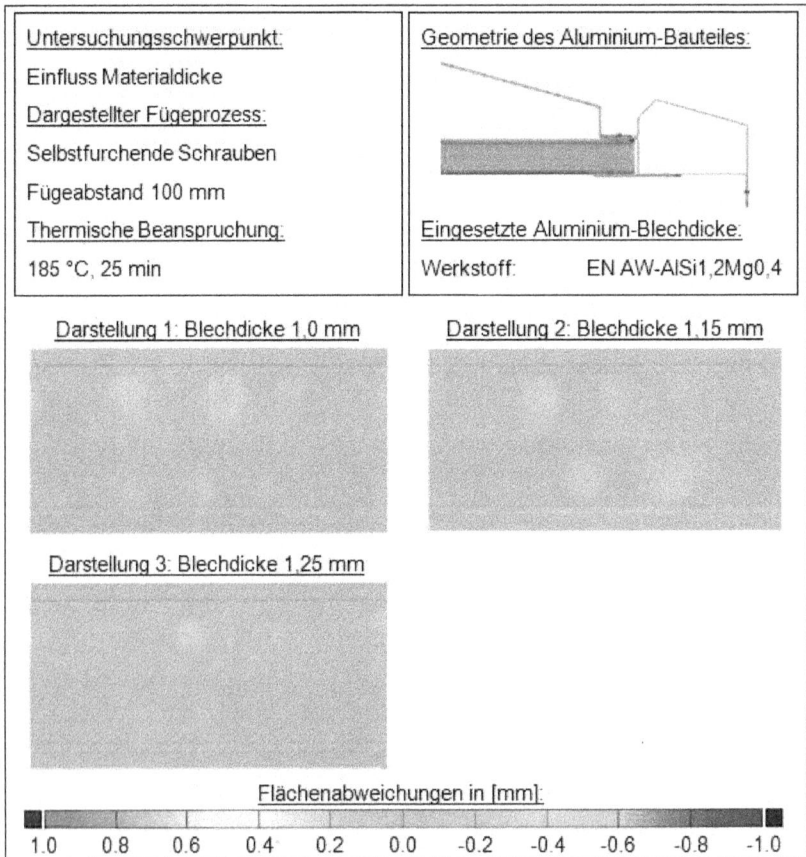

Abbildung 7-7: Einfluss der Materialdicke bei mechanisch gefügter Variante

Auch bei einer Blechdicke von 1,25 mm können lokal begrenzte Einfallstellen von bis zu 0,4 mm gemessen werden. Die Akzeptanz für dieses Oberflächenergebnis in einer Außenhaut-Anwendung ist grenzwertig und im Einzelfall zu bewerten.

7.2.5 Einfluss Temperatur

Um den Einfluss der Temperatur auf den Stahl-Aluminium-Verbund analysieren zu können, werden neben den Lackiertemperaturen (s. Kap. 2.3) weitere Temperaturen untersucht. Hierbei steht der Bereich von 100 °C (max. Belastung im Betrieb) bis 200 °C (max. Belastung im Herstellprozess) im Vordergrund. Ergänzend wird bei den Versuchskörpern die temperaturabhängige Längenausdehnung an der Fügestelle gemessen um das Verhalten im Verbund zu dokumentieren und zur Rechnung in Abschnitt 2.4 abzugleichen.

In Abbildung 7-8 ist zum Einen die temperaturabhängige Wärmedehnung für die Werkstoffe Stahl und Aluminium aufgeführt, zum Anderen die messtechnisch ermittelte Dehnung an der Fügestelle des Stahl-Aluminium-Verbundes aufgetragen. Die für die ermittelten Dehnungswerte zu Grunde liegende Bauteillänge beträgt 750 mm, dies entspricht der halben Länge des Versuchskörpers. Des Weiteren sind für verschiedene Temperaturen die Versuchskörper oberflächentopografisch ausgewertet und in die Darstellung integriert.

Anhand der Auswertung ist ersichtlich, dass eine plastische Verformung des Aluminium-Bauteiles erst mit Temperaturen größer 100 °C auftritt. Bei dieser Temperatur erfährt die Aluminium-Komponente an der Fügestelle eine Stauchung von ca. 0,45 mm, während der Stahlrahmen einer Streckung von ca. 0,25 mm unterliegt. Da sich dies jeweils im elastischen Bereich des Werkstoffes darstellt, sind keine plastischen Verformungen nach der Abkühlung erkennbar. Dieses Ergebnis korreliert mit den Betrachtungen zur Temperaturabhängigkeit der werkstofflichen Eigenschaften aus Abschnitt 5.3.

Auf Basis dieser Ergebnisse und der Erkenntnis, dass bei einer Applikation im Automobilbau die Fahrzeuge im Betrieb einer maximalen Temperaturbelastung von 100 °C, z.B. durch Sonneneinstrahlung bei dunklen Lackierungen /31/, ausgesetzt sind, gilt es eine neue Aufbaufolge auszuarbeiten, welche im Herstellprozess eine Beweglichkeit bei Temperaturen über 100 °C ermöglicht. Ein solches Konzept bietet das Potential zur Lösung der Aufgabe. Nachfolgend wird dieses Konzept ausgearbeitet und auf die Tauglichkeit bewertet.

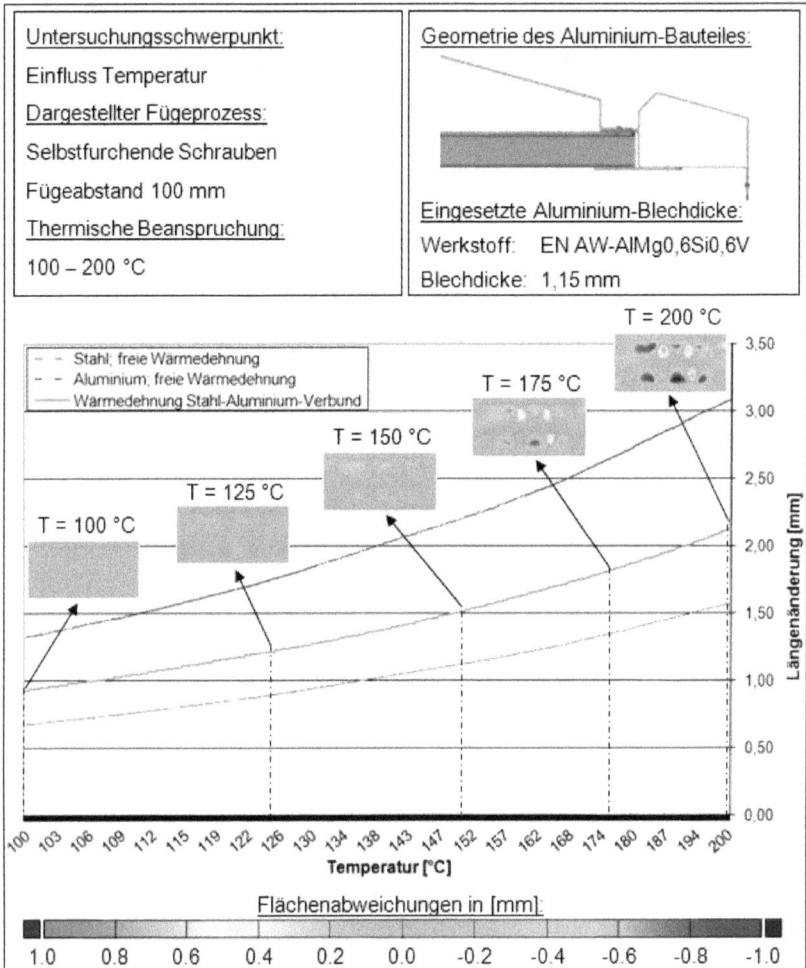

Abbildung 7-8: Temperatureinfluss auf den mech. gefügten Stahl-Aluminium-Verbund

7.2.6   Abgeleitete Fügefolge

Anhand der durchgeführten und ausgewerteten Versuche wird die neue Aufbauvariante in zwei Prozessschritte unterteilt, welche der jeweils unterschiedlichen Anforderungen Rechnung tragen. Die Rahmenbedingungen, sowie die resultierenden Anforderungen sind nachfolgend aufgeführt:

Prozess-Schritt 1: Lackierdurchlauf bei Temperaturen bis 185 °C:

⇨   Geometrische Fixierung der Komponenten zueinander

⇨   Ausgleichsmöglichkeit der unterschiedlichen Wärmeausdehnungen zur Vermeidung von Spannungen

Prozess-Schritt 2: Feldbelastung bis zu 100 °C

⇨   Erzielung der Verbindungsfestigkeit

⇨   Keine plastischen Oberflächendeformationen

Für den ersten Prozessschritt wird die Aluminium-Komponente je Fügeseite mit einem Fest-Lager (FL) mittels selbstfurchender Schrauben gefügt. Zusätzlich werden drei Los-Lager (LL) je Seite über die Verbindungslänge aufgeteilt. Die Loslager-Funktion wird ebenfalls durch selbstfurchende Schrauben ermöglicht. Hierbei wird im Vorfeld ein Langloch in die Aluminium-Komponente eingebracht und die Schraube nicht auf Enddrehmoment angezogen. Hierdurch kann sich die Aluminium-Komponente, ausgehend von der Festlagerung, relativ zum Stahlrahmen bewegen und die unterschiedlichen Wärmeausdehnungen ausgleichen.

Nach erfolgter Durchführung der temperaturkritischen Lackprozesse, werden im zweiten Prozessschritt zwischen den zuvor eingebrachten Schrauben zusätzliche Festlager ergänzt. Im Weiteren werden nun auch die Schrauben der Loslagerungen auf Enddrehmoment angezogen. Hierdurch wird die Verbindungsfestigkeit der Gesamtkonstruktion gewährleistet.

In der nachfolgenden Darstellung ist das beschriebene Aufbauprinzip an der Rahmenstruktur umgesetzt und topografisch ausgewertet.

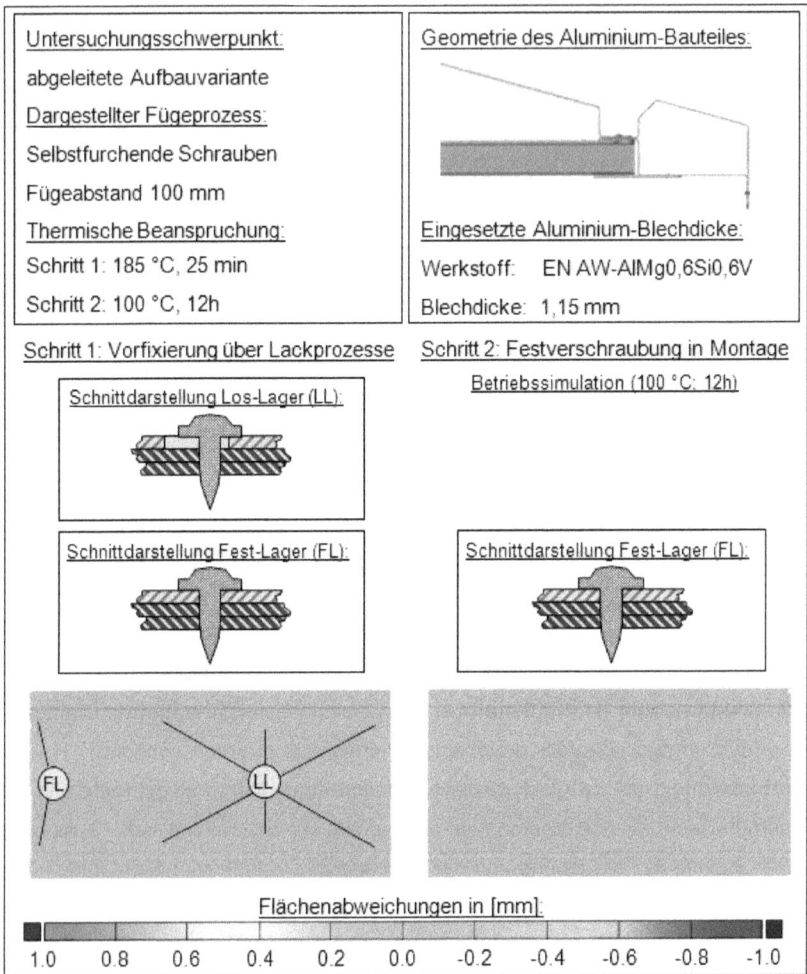

Abbildung 7-9: Neue Fügevariante am Versuchskörper

Anhand der GOM-Auswertung nach dem ersten Prozessschritt kann keine bleibende Oberflächendeformation der Aluminium-Komponenten festgestellt werden. Demzufolge kann darauf geschlossen werden, dass die Funktion der Los-Lagerungen, der spannungsfreie Dehnungsausgleich zwischen Stahl und Aluminium, erfüllt wird. Nach erfolgter Festverschraubung im zweiten Schritt und einer thermischen Beanspruchung von 100 °C können ebenfalls keine plastischen Verformungen an dem Versuchskörper festgestellt werden. Diese Ergebnisse decken sich mit den Erkenntnissen aus den Untersuchungen in Abschnitt 7.2.5.

Einen zusätzlichen Vorteil der neuen Aufbauvariante bringt die Werkstoffauslagerung in ersten Prozessschritt. Demzufolge liegt der Aluminium-Werkstoff im beanspruchten zweiten Schritt bereits im T6-Zustand vor und besitzt folglich deutlich höhere mechanische Kennwerte, s. Kapitel 6.1. Hierdurch wird die Sicherheit zur Grenze der plastischen Verformung zusätzlich erhöht.

8 UMSETZUNG KAROSSERIE

In den nachfolgenden Abschnitten werden die erzielten Erkenntnisse, sowohl von der thermischen als auch von der mechanischen Fügetechnik, auf den im Automobilbau kritischsten Anwendungsfall, einer Applikation in der Außenhaut, übertragen und bewertet. Konkret handelt es sich hierbei um den Einsatz eines Aluminiumdaches in einer Stahlstruktur.

Bei der Umsetzung an den Karosserien werden die so genannten Dachquerspriegel, die Querverbindung zwischen den beiden Seitenwandrahmen, in Aluminium ausgeführt. Hierdurch wird die $\Delta\alpha$-Problematik, analog zu den Grundlagenuntersuchungen an der Rahmenstruktur, quer zu Fahrzeugrichtung aufgehoben und die Übertragbarkeit der Erkenntnisse sichergestellt.

8.1 Thermisch gefügtes Aluminium-Dach

Für die Untersuchungen an einer realen Anwendung wird für den Einsatz der thermischen Fügetechnik eine Serienkarosserie verwendet. Dieses Fahrzeug verfügt über eine Dachanbindung mittels einer Nullfugen-Geometrie, welche den wesentlichen konstruktiven Randbedingungen der Grundlagenuntersuchungen entspricht, um eine Vergleichbarkeit zu gewährleisten.

In der nachfolgenden Darstellung sind die Aufbau-Schritte der Karosserien kurz beschrieben. Die Erkenntnis, dass die Stanznietverbindung am vorderen Dachquerspriegel nach den thermisch kritischen Lackprozessen zu erfolgen hat, wurde im Rahmen von Voruntersuchungen ermittelt. Bei bereits vernieteten Karosserien wurde eine erhöhte plastische Deformation im vorderen Dachbereich festgestellt, welche aus der Lötrichtung in Kombination mit der blockierten Wärmedehnung resultiert. Durch die Aufteilung der Prozess-Schritte, die Verlagerung der Nietverbindung im Anschluss an die thermischen Lackierprozesse, konnten diese Verformungen vermieden werden.

Die Karosserien werden beidseitig jeweils mit der Lötrichtung von hinten nach vorne ausgeführt, was auf Basis der Ergebnisse an der Rahmenstruktur abgeleitet wurde. Da im vorderen Eckbereich kein geometrischer und optischer Übergang zwischen Dach und Seitenteil sicherzustellen ist, kann hier die unterschiedliche Längenausdehnung während des Fügens ausgeglichen werden.

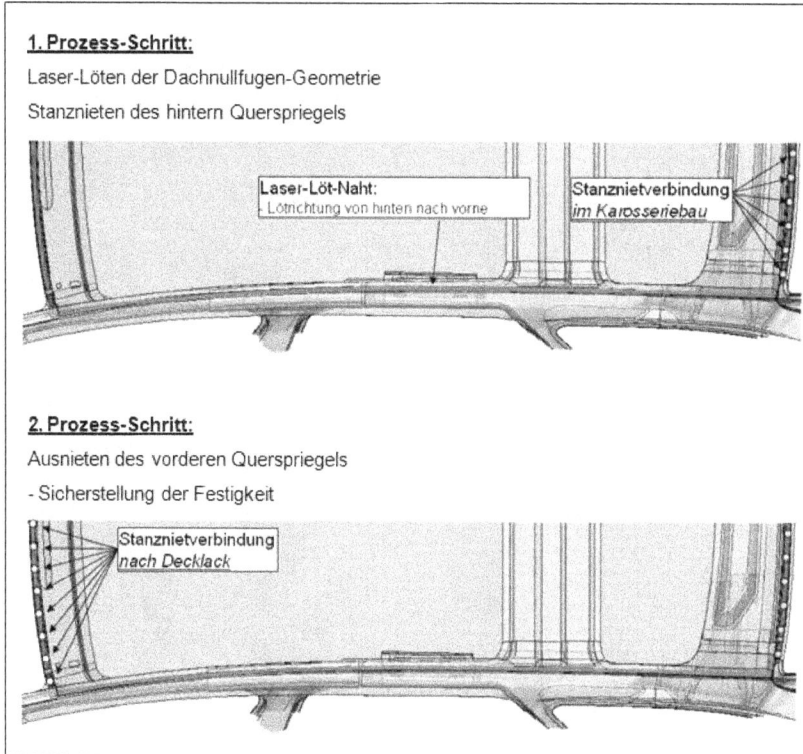

1. Prozess-Schritt:

Laser-Löten der Dachnullfugen-Geometrie

Stanznieten des hintern Querspriegels

Laser-Löt-Naht:
- Lötrichtung von hinten nach vorne

Stanznietverbindung
im Karosseriebau

2. Prozess-Schritt:

Ausnieten des vorderen Querspriegels

- Sicherstellung der Festigkeit

Stanznietverbindung
nach Decklack

Abbildung 8-1: Aufbaubeschreibung des thermisch gefügten Aluminium-Daches

Die Untersuchungen an den Karosserien erfolgen mit den bekannten Aluminium-Werkstoffen EN AW-AlMg0,6Si0,6V und EN AW-AlSi1,2Mg0,4. Beide Werkstoffe liegen in der Materialdicke von 1,15 mm vor. Die mittels der topografischen Messungen ausgewerteten Ergebnisse zeigen ein vergleichbares Bild zu den Ergebnissen aus den Grundlagenuntersuchungen an der Rahmenstruktur, s. Abbildung 8-2. Ursächlich ist die unzureichende Beulsteifigkeit des Daches, welche auf eine geringe Bombierung zurückzuführen ist.

Untersuchungsschwerpunkt:	Geometrie der Fügezone:
Einfluss Werkstoff-Klasse	
Dargestellter Fügeprozess:	
Löt-Prozess	
Thermische Beanspruchung:	
185 °C, 25 min	Eingesetzte Aluminium-Blechdicke:
	Blechdicke: 1,15 mm

Darstellung 1: EN AW-AlMg0,6Si0,6V   Darstellung 2: EN AW-AlSi1,2Mg0,4

Flächenabweichungen in [mm]:

1.0   0.8   0.6   0.4   0.2   0.0   -0.2   -0.4   -0.6   -0.8   -1.0

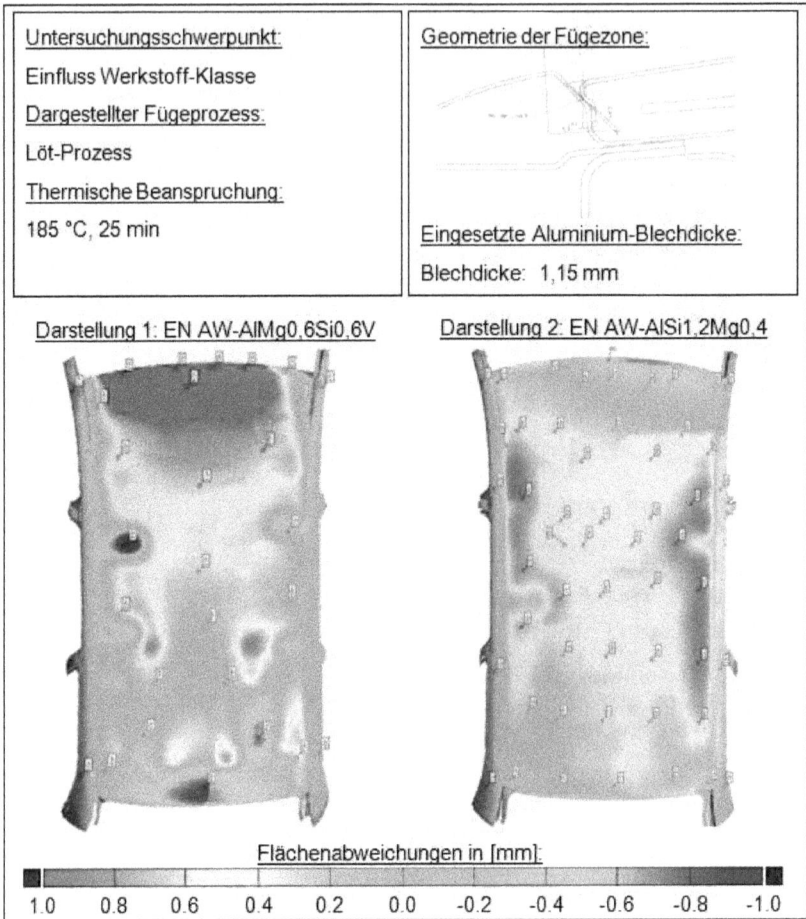

Abbildung 8-2: Lasergelötetes Aluminium-Dach

Weitere Untersuchungen mit einer erhöhten Materialdicke wurden aufgrund der Erkenntnisse aus den Vorversuchen (Abschnitt 7.1.2) nicht durchgeführt: Der Aufwand für die Überarbeitung der Presswerkzeuge um entsprechende Blechdicken zu ermöglichen steht nicht im Verhältnis zu dem gewonnen Mehrnutzen aus weiteren Versuchen.

8.2 Mechanisch gefügtes Aluminium-Dach

Die Umsetzung eines Aluminiumdaches in einer Stahlstruktur mittels der mechanischen Fügetechnik erfolgt ebenfalls an einer Karosserie aus der Serienfertigung. Das ausgewählte Fahrzeug verfügt über eine so genannte Dach-Zierleistenkonstruktion, welche im Wesentlichen den Randbedingungen der Rahmenstruktur entspricht. Hierdurch kann eine Übertragung und Vergleichbarkeit der Ergebnisse sichergestellt werden. Zur Bestätigung der Ergebnisse aus den Grundlagenuntersuchungen werden die ersten Fahrzeuge mit einer festverschraubten Dachanbindung ausgeführt, während nachfolgend der optimierte Prozessablauf umgesetzt wird.

8.2.1 Festverschraubtes Aluminiumdach

Analog der Grundlagenuntersuchungen, werden die Aluminium-Dächer vor den Lackprozessen mit der Stahl-Karosserie in einem Fügeabstand von 100 mm mittels selbstfurchender Schrauben gefügt. Des Weiteren werden die Dächer über den aus Aluminium ausgeführten Querträger hinten durch Schrauben und vorne über Stanznieten verbunden. In nachfolgender Abbildung ist der Fertigungsprozess detaillierter abgebildet.

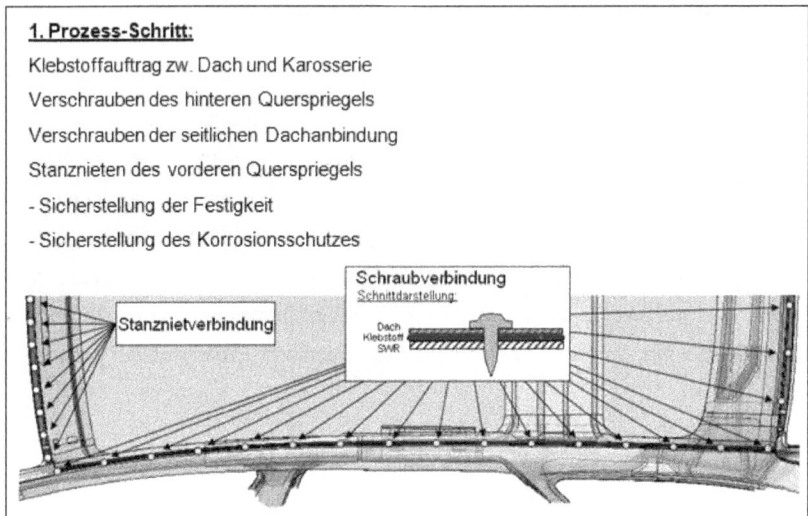

1. Prozess-Schritt:

Klebstoffauftrag zw. Dach und Karosserie

Verschrauben des hinteren Querspriegels

Verschrauben der seitlichen Dachanbindung

Stanznieten des vorderen Querspriegels

- Sicherstellung der Festigkeit

- Sicherstellung des Korrosionsschutzes

Abbildung 8-3: Aufbaubeschreibung des festverschraubten Aluminium-Daches

Die Oberflächenauswertung nach Durchlauf der temperaturkritischen Lackprozesse zeigt ein im Hinblick auf die Deformationen ein vergleichbares Fehlerbild, s. Kapitel 7.2.2. Die Einfallstellen stellen sich an der Karosserie jedoch deutlich ausgeprägter dar. Ursache hierfür kann zum einen in der wesentlich größeren Oberfläche des Daches liegen, zum Anderen in der Herstellung und Passung der tiefgezogenen Prototypenteile. 3-dimensionale Tiefziehteile besitzen im Vergleich zu den gekanteten Blechteilen der Modellstruktur ein hohes Maß an Eigenspannungen. Diese können bei Temperaturbeanspruchung die Deformation aus der ungleichen Wärmedehnung zusätzlich verstärken.

Dennoch lässt sich anhand der Ergebnisse darauf schließen, dass unter den gegebenen geometrischen Randbedingungen und den gestellten Qualitätsanforderungen an eine Sichtoberfläche, eine karosseriebaufeste Lösung mit den gegebenen Bauteilgeometrien nicht realisierbar ist. Die in Folge der Temperatur entstehenden plastischen Deformationen sind für eine Applikation im Sichtbereich nicht akzeptabel.

Untersuchungsschwerpunkt:	Geometrie der Fügezone:
Einfluss Werkstoff-Klasse	
Dargestellter Fügeprozess:	
Selbstfurchende Schrauben	
Fügeabstand 100 mm	
Thermische Beanspruchung:	Eingesetzte Aluminium-Blechdicke:
185 °C, 25 min	Blechdicke: 1,15 mm

Darstellung 1: EN AW-AlMg0,6Si0,6V   Darstellung 2: EN AW-AlSi1,2Mg0,4

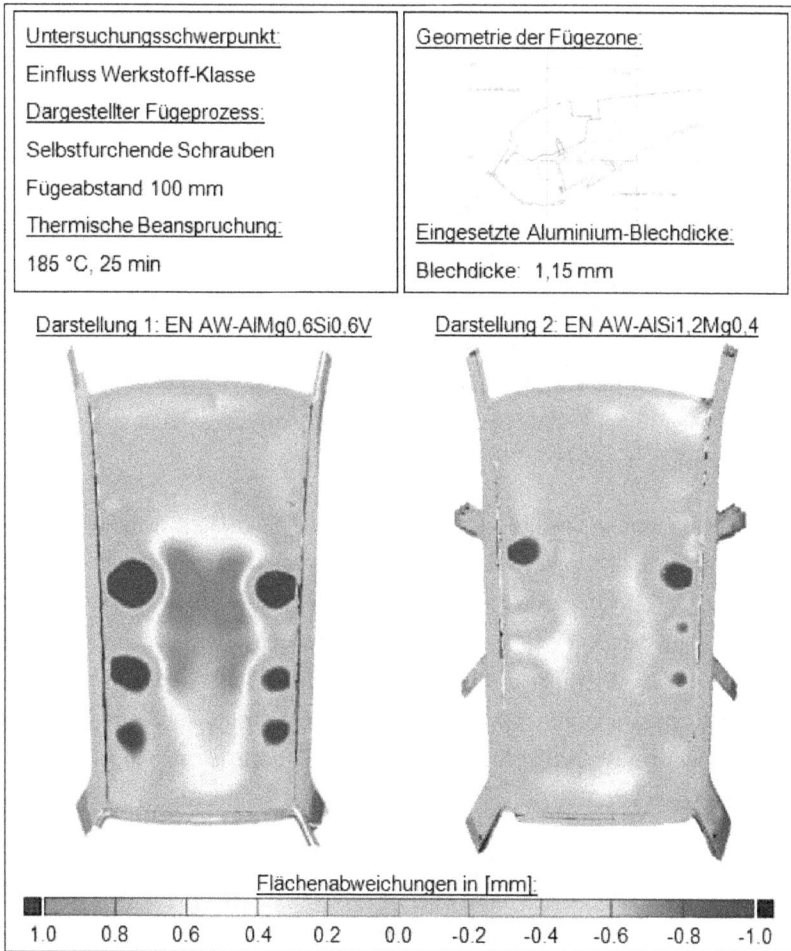

Flächenabweichungen in [mm]:

1.0   0.8   0.6   0.4   0.2   0.0   -0.2   -0.4   -0.6   -0.8   -1.0

Abbildung 8-4: Mechanisch gefügtes Aluminium-Dach

Dies entspricht der Erkenntnis der Versuche an den Modellstrukturen. Folglich wird im nächsten Schritt der ausgearbeitete zweistufige Prozessablauf an der Karosserie umgesetzt, welcher in den Vorversuchen vielversprechende Ergebnisse erzielte.

8.2.2   Optimierter zweistufiger Prozessablauf

Bei der Umsetzung des zweistufigen Prozessablaufes auf die Dachapplikation, wird auf die Erkenntnisse der Grundlagenuntersuchung aus Abschnitt 7.2.6 sowie den theoretischen Betrachtungen aus Abschnitt 5-2 zurückgegriffen.

Demzufolge wird das Dach in einem ersten Prozess-Schritt am hinteren Ende als Fest-Lager an den Dachquerspriegel über die gesamte Fahrzeugbreite mit Karosseriestruktur verbunden. Hintergrund für diese Festlegung ist das diese Fügestellen zu einem späteren Zeitpunkt, z.B. in der Montage, ohne Demontage der Heckklappe nicht mehr zugänglich sind. Zur Sicherstellung des Korrosionsschutzes wird in diesem Bereich eine Trennung von Stahl und Aluminium über einen Festigkeitsklebstoff realisiert.

Des Weiteren werden drei Los-Lager über die Verbindungslänge aufgeteilt, welche einen Ausgleich der unterschiedlichen thermischen Längenausdehnungen von Karosserie und Dach ermöglichen. Ein Auftrag von Klebstoff in diesem Bereich zwischen Dach und Karosserie ist nicht möglich, da dieser die Ausgleichsfunktion behindert. Um dennoch einen Korrosionsangriff vorzubeugen, werden die jeweiligen Schraubpunkte in Verprägungen ausgeführt. Ein nach dem zweiten Prozess-Schritt applizierter Klebstoff kann so zwischen die Fügestellen eindringen und Korrosion verhindern.

In der nachfolgenden Abbildung 8-5 sind die Inhalte der Prozesse an der Karosseriestruktur nochmals grafisch dargestellt.

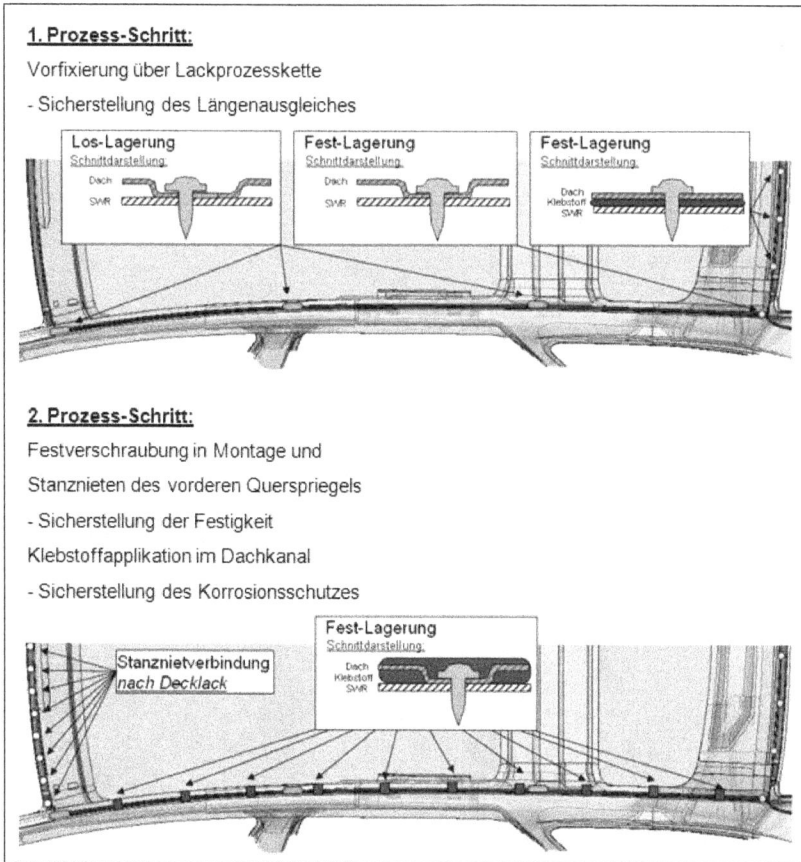

1. Prozess-Schritt:

Vorfixierung über Lackprozesskette

- Sicherstellung des Längenausgleiches

Los-Lagerung   Fest-Lagerung   Fest-Lagerung

2. Prozess-Schritt:

Festverschraubung in Montage und

Stanznieten des vorderen Querspriegels

- Sicherstellung der Festigkeit

Klebstoffapplikation im Dachkanal

- Sicherstellung des Korrosionsschutzes

Stanznietverbindung nach Decklack

Fest-Lagerung

Abbildung 8-5: Aufbaubeschreibung des optimierten Prozessablaufes

Die topografische Auswertung einer nach den beschriebenen Prozess-Schritten aufgebauten Karosserie zeigt, dass sich die Erkenntnisse aus den Grundlagenuntersuchungen übertragen lassen.

Das Funktionsprinzip des Längenausgleiches im Rahmen der Lackprozesskette konnte auch an der Karosseriestruktur bestätigt werden. Nach erfolgter Festverschraubung und Abdichtung im Rahmen der Montageumfänge wurde die Karosserie einer Betriebssimulation von 100 °C über den Zeitraum von 12 Stunden unter-

zogen. Die lokalen, eng begrenzten Einfallstellen, welche bei einer karosseriebau-
festen Varianten auftreten (s. Abb. 8-4) können durch das zweistufige Aufbaukon-
zept vermieden werden. In der nachfolgenden Abbildung sind die Auswertungen
nach den Fertigungsschritten dargestellt.

Untersuchungsschwerpunkt:	Geometrie der Fügezone:
abgeleitete Aufbauvariante	
Dargestellter Fügeprozess:	
Selbstfurchende Schrauben	
Fügeabstand 100 mm	
Thermische Beanspruchung:	Eingesetzte Aluminium-Blechdicke:
Schritt 1: 185 °C, 25 min	Werkstoff: EN AW-AlMg0,6Si0,6V
Schritt 2: 100 °C, 12h	Blechdicke: 1,15 mm

Schritt 1: Vorfixierung über Lackprozesse   Schritt 2: Festverschraubung in Montage
Betriebssimulation (100 °C; 12h)

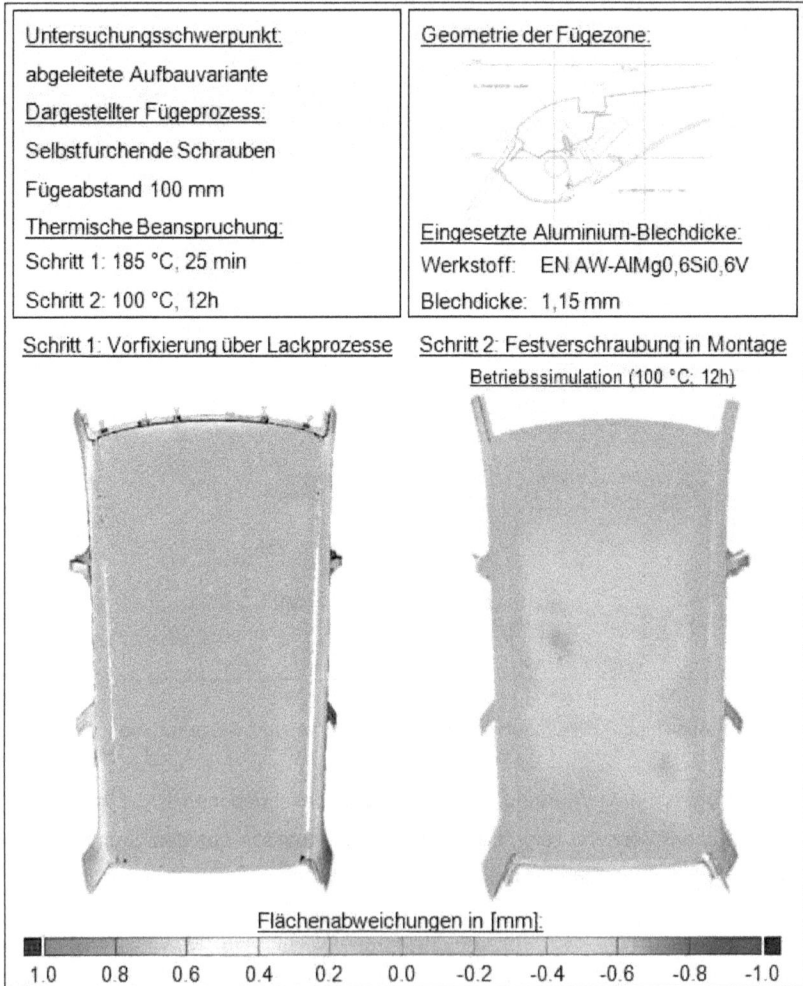

Flächenabweichungen in [mm]:

1.0   0.8   0.6   0.4   0.2   0.0   -0.2   -0.4   -0.6   -0.8   -1.0

Abbildung 8-6: Umsetzung des optimierter Prozessablaufes

Die anhand der GOM-Auswertung ermittelten großflächigen Oberflächenabweichungen, lassen sich auf geometrische Abweichungen im Einzelteil zurückführen. Über die Fügeelemente wird das Dachbauteil zur Karosseriestruktur gespannt. Die daraus resultierenden Spannungen werden durch die thermischen Prozesse freigesetzt und es bilden sich Verformungen aus. Der Einarbeitungszustand von Prototypenteilen entspricht nicht dem von Serienbauteilen, was anhand von Messberichten belegt wurde. Das Dach wird über das Einbringen der Fügeelemente zur Karosserieauflage zur Passung gebracht. Hieraus resultieren Spannungen im Bauteil, welche durch die Temperatureinwirkung in Form von Deformationen frei werden. Das Ergebnis zeigt, das eine exakte Passung der zu verbindenden Bauteile erforderlich ist um einen spannungsfreien Verbau sicherstellen und in der Folge ein ideales Ergebnis erzielen zu können. Kann dies nicht gewährleistet werden, ist über eine entsprechende Sicherheit, z.B. durch Blechdickenerhöhung, nachzudenken, um den Anforderungen an die optische Anmutung gerecht zu werden.

Abschließend lässt sich festhalten, dass die Untersuchungen an den unterschiedlichen Versuchsträgern die Erkenntnisse aus den Analysen auf Basis der Modellstruktur bestätigt haben und eine Übertragbarkeit gewährleistet ist.

Darüber hinaus konnten ebenfalls die theoretischen Betrachtungen und Erkenntnisse am Realversuch bestätigt werden. Im Weiteren konnte mit der gezeigten Aufbauvariante eine Lösung auf die Problemstellung im Automobilbau, das Fügen eines Aluminiumdaches in eine Stahlkarosserie, gegeben werden.

Eine weitere Optimierung des Fertigungsablaufes kann durch eine bewegliche Vorfixierung des vorderen Dachrahmens realisiert werden. Dies ermöglicht dass die Stanznietverbindung am vorderen Dachrahmen bereits im Karosseriebau gesetzt werden kann und dennoch ein Längenausgleich sichergestellt wird. Die Endfestigkeit wird dann über das nachträgliche Anziehen der Schrauben gewährleistet. Dieser Lösungsansatz wurde im Rahmen der vorliegenden Arbeit als Patent angemeldet und befindet sich derzeit im Freigabeprozess /70/.

9 ZUSAMMENFASSUNG UND AUSBLICK

Leichtbau und der daraus resultierende Mischbau, das Aufeinandertreffen verschiedener Werkstoffe in einem System, spielt in vielen Entwicklungen zukünftig eine immer größere Rolle. Die werkstofflichen Eigenschaften, insbesondere der Ausdehnungskoeffizient, spielt bei der Umsetzung von Mischbaukonstruktion, eine entscheidende Rolle. Im Rahmen der vorliegenden Arbeit wurde die Problematik unterschiedlicher Wärmeausdehnungskoeffizienten im Verbund zweier Werkstoffe betrachtet. Der Begriff der Fügbarkeit wurde in diesem Kontext eingeführt, um die Zusammenhänge beschreiben und zugehörigen Einflussfaktoren herausarbeiten zu können.

Die hierzu durchgeführten theoretischen Betrachtungen haben gezeigt, dass beim Fügen von Werkstoffen mit unterschiedlichen Wärmeausdehnungskoeffizienten drei Stellgrößen von Bedeutung sind. Diese sind im Einzelnen die Werkstoffe und deren Eigenschaften, die konstruktive Gestaltung, sowie die eingesetzte Fügetechnik. Über diese Faktoren kann die resultierende Spannungsproblematik im Verbund beeinflusst und auch beherrscht werden.

Unter Betrachtung einer allgemeinen Konstruktionsaufgabe, ist in erster Linie die Werkstoffauswahl zu beurteilen. Insbesondere der Unterschied der Wärmeausdehnungskoeffizienten sowie die Dehngrenze spielen eine entscheidende Rolle bei der Umsetzung von Mischverbindungen. Je kleiner der Unterschied der Ausdehnungskoeffizienten ausfällt, desto geringer ist die resultierende Spannung in den Bauteilen unter thermischer Belastung (s. Abschnitt 2.4).
Mit $(\alpha_{W1} - \alpha_{W2}) \rightarrow 0$, folgt

$$F_{Verbund} = \frac{\Delta T \times (\alpha_{W1} - \alpha_{W2}) \times (A_{W1} \times E_{W1}) \times (A_{W2} \times E_{W2})}{(A_{W1} \times E_{W1}) + (A_{W2} \times E_{W2})} \rightarrow 0 \; .$$

Neben der spezifischen Wärmeausdehnung spielen die Dehngrenzen der Werkstoffe eine entscheidende Rolle bzgl. der möglichen Spannungsaufnahmen. Bei der Auslegung der Konstruktion sind Werkstoffe mit größtmöglichen Dehngrenzen zu bevorzugen, um eine Spannungsaufnahme im elastischen Bereich zu ermöglichen (s. Abschnitt 5.3.1) und plastische Verformungen vermeiden zu können.

Verschiedene Vorgaben und Anforderungen an ein Produkt grenzen jedoch die Auswahlmöglichkeit einzusetzender Werkstoffe ein. Gründe hierfür sind häufig wirtschaftliche Aspekte wie z.b. Einzelteil- und Herstellungskosten. Dementsprechend sind andere Lösungswege zu wählen um dennoch ein positives Ergebnis zu ermöglichen. In Abschnitt 5.2 wurde die Beeinflussbarkeit über die Bauteilgeometrie dargestellt. Durch die Reduzierung der Beulfeldgröße, z.b. durch Abkantungen in ebenen Bauteilen oder auch durch die Verwendung von Versteifungsrippen, kann die kritische Beulspannung deutlich angehoben werden. Insbesondere die Realisierung von gekrümmten Flächen bewirkt eine deutliche Anhebung der Belastungsgrenze, welche durch die Kombination mit Versteifungen zusätzlich gesteigert werden kann. Die Anpassung und Optimierung der Bauteilgeometrie ist, sofern konstruktiv möglich, einer Bauteildickenanpassung vorzuziehen, da hierdurch die Gewichtsbilanz nicht wesentlich beeinflusst wird.

Generell ist zu beachten, dass mit zunehmender Steifigkeit in den zu verbinden Bauteilen die Beanspruchung auf die einzusetzende Fügetechnik unter Temperaturbeaufschlagung steigt. Bei der Auslegung ist dies zu berücksichtigen. Alternativ können auch, sofern es die Beanspruchung der Konstruktion zulässt, Verbindungselemente zum Einsatz kommen, welche in gewissen Maße Relativbewegungen ermöglichen. Hierdurch wird der unterschiedlichen Längenausdehnung Rechnung getragen und es resultiert eine freie Wärmedehnung der Fügepartner (s. Abschnitt 2.4). Mit $Streckung_{W2} = Stauchung_{W1} = 0$ kann die Kraft im Verbund und die daraus resultierende Zug- bzw. Druckspannung vermieden werden:

$$F_{Verbund} = \frac{Streckung_{W2} \times E_{W2} \times A_{W2}}{(L + \Delta l_{W2})} = \frac{Stauchung_{W1} \times E_{W1} \times A_{W1}}{(L + \Delta l_{W1})} = 0$$

Dies kann beispielsweise durch eine elastische Klebeverbindung oder auch mittels einer Langlochverbindung erfolgen. Diese Ansätze ermöglichen das zwei Bauteile unterschiedlicher Werkstoffe trotz Verbindung sich bei thermischer Beanspruchung spannungsfrei zu einander bewegen können. Neben der Auslegung der Verbindung ist aber auch ein entsprechender Freiraum zum Längenausgleich konstruktiv zu berücksichtigen. In Abhängigkeit der Anforderungen können hier zwei Ansätze verfolgt werden. Diese unterscheiden sich in der Lage einer einzubringenden Fixierung, welche zur örtlichen Sicherstellung der Bauteillage in der Regel erforderlich ist. Wird dieser Fixierpunkt am Rand eingebracht, ist die komplette Verbindungslänge in der Berechnung des Ausdehnungsunterschied zu berücksichtigen. Hieraus resultiert auch die maximal vorzuhaltende Wärmedehnung. Kann hingegen die feste Lagerstelle in der Bauteilmitte realisiert werden, ist in beide Ausdehnungsrichtungen jeweils der Freiraum für die halbe Wärmedehnung vorzuhalten. In Abhängigkeit der elastischen Eigenschaften der Verbindung, kann über die Lage des Festpunktes dieser Rechnung getragen werden.

In Abhängigkeit auftretender thermischer Belastungen, z.B. hohe Temperaturen im Rahmen der Herstellung, niedrige im Betrieb, kann diese Beanspruchung über aufeinanderfolgende Fügeschritte berücksichtigt werden. Hierzu wird in einem ersten Schritt eine Beweglichkeit der Bauteile zueinander, z.B. für Temperaturbelastungen im Rahmen des Herstellprozess, ermöglicht. Dies kann über ein Fest-Loslager-Prinzip realisiert werden. Im Nachgang erfolgt in einem zweiten Schritt der endgültige Fügeprozess, der dann die Betriebsfestigkeit und die Funktionsanforderungen sicherstellt. Hierdurch ist die Bauteilsteifigkeit nur auf die geringere thermische Belastung im Betrieb auszulegen, da im Rahmen der Herstellung durch die Beweglichkeit keine Spannungen auftreten. Lösungsansätze welche Relativbewegung zum Dehnungsausgleich zulassen sind im Hinblick auf das Leichtbaupotential zu bevorzugen, da auf die in der Regel gewichtsbeeinflussenden Versteifungsmaßnahmen verzichtet werden kann.

Generell zeigten die theoretischen Betrachtungen die Temperatursensibilität der der Bauteile einer Mischverbindung. Dieser Erkenntnis ist auch bei der Wahl der einzusetzenden Fügetechnik Rechnung zu tragen. Demzufolge sind immer Verfahren mit dem geringsten Energieeintrag vorzuziehen. Idealerweise können kalte Fügetechniken, z.B. aus der Gruppe der mechanischen Verfahren, zum Einsatz kommen. Dies vermeidet bzw. reduziert deutlich den Spannungseintrag und somit eine mögliche Vorschädigung der Komponenten.

Unter Berücksichtigung der beschriebenen Lösungselemente lässt sich für Konstruktionen in Mischbauweise der in Abbildung 9-1 aufgeführte Entscheidungsbaum darstellen.

Konstruktion in Mischbauweise

| Betrachtung Produkt-Lebenszyklus | $T_{Lebenszyklus} > T_{krit}$ — nein | Konstruktionsbewertung unter Einfluss $T_{Lebenszyklus}$ (Absicherung über Simulation). - Liegen kritische Temperaturen vor, welche zum Versagen (z.B. zur Beulenbildung) führen? |

| Prüfung Werkstoffauswahl | alternative Werkstoffe möglich? — nein | Können alternative Werkstoffe mit z.B. - geringeres $\Delta\alpha$ - höhere Streckgrenzen zum Einsatz kommen? |

| Temperaturbelastung im Herstellprozess | nein — $T_{Herstellung} > T_{krit}$ | Konstruktionsbewertung unter Einfluss $T_{Herstellung}$ (Absicherung über Simulation). - Liegen kritische Temperaturen vor, welche zum Versagen (z.B. zur Beulenbildung) führen? |

| Prüfung Herstellprozess bzgl. Alternativverfahren | Änderung Herstellprozess? — nein | Umsetzung Verfahren mit z.B. - Temperaturen unterhalb T_{krit}, etc. - Kalte Fügeverfahren |

| Prüfung der Fertigungsabfolge | Änderung Fertigungsabfolge? — nein | Änderung der Fertigungsabfolge z.B. - Erstellen der Mischverbindung nach den temperaturkritischen Prozessen |

| Temperaturbelastung im Betrieb | $T_{Betrieb} > T_{krit}$ — nein | Konstruktionsbewertung unter Einfluss $T_{Betrieb}$ (Absicherung über Simulation). - Liegen kritische Temperaturen vor, welche zum Versagen (z.B. zur Beulenbildung) führen? |

| Bewertungskriterium Temperatur | Bewertung der Folgeschritte auf Basis T_{max} | Betrachtung der höheren thermischen Belastung in den Folgebewertungen - $T_{Betrieb}$ oder $T_{Herstellung}$ |

| Konstruktiver Längenausgleich bei Wärmedehnung | Längenausgleich möglich? — nein | Ausgleich über Relativbewegung, z.B. über - Langlochkonstruktion, - Elastische Verbindung, etc. |

| Konstruktive Spannungsaufnahme bei Wärmedehnung | Spannungsaufnahme möglich? — nein | Spannungsaufnahme über - Formänderung (Bombierung), - Versteifungsmaßnahmen, - Dickenanpassungen, etc. |

| Bauteilauslegung | Berücksichtigung des Längenausgleiches | Berücksichtigung von Maßnahmen zur Spannungsaufnahme | Keine Sondermaßnahmen notwendig | Berücksichtigung zu erfüllender Kriterien neben der Betriebsbeanspruchung der Bauteile |

| Auswahl und Auslegung der Fügetechnik | Sicherstellung der Ausgleichsfunktion | Berücksichtigung auftretender Scherspannung | Keine Sondermaßnahmen notwendig | Berücksichtigung zu erfüllender Kriterien neben der Betriebsbeanspruchung der Fügeverbindung |

Technische Lösung zur gegebenen Problemstellung ermöglicht — **Keine technische Lösung**

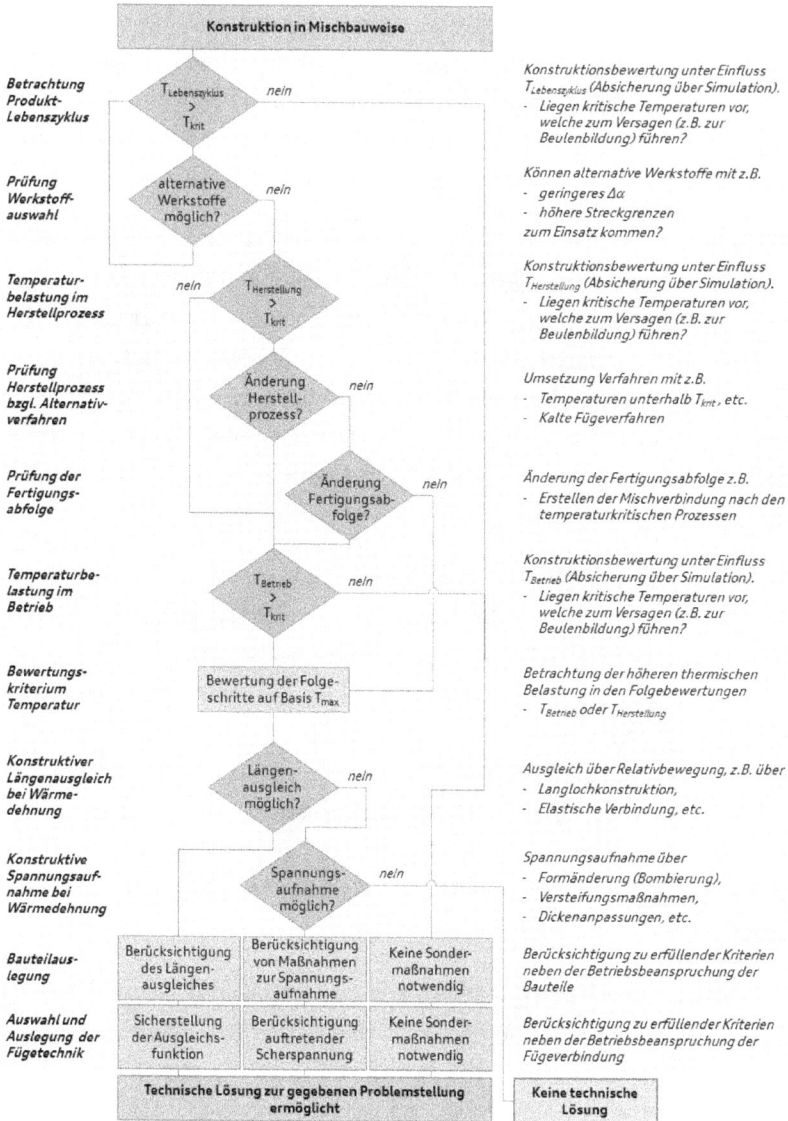

Abbildung 9-1: Entscheidungsbaum für temperaturbelastete Mischbaukonstruktionen

Auf Basis des Entscheidungsbaumes, welcher aus den durchgeführten theoretischen Betrachtungen abgeleitet wurde, wurden Praxisuntersuchungen durchgeführt. Hierzu wurde im ersten Schritt eine Modellstruktur konzipiert, welche zum einen die Abbildung der betrachteten Einflussgrößen ermöglicht und zum anderen die Übertragbarkeit auf einen konkreten Anwendungsfall sicherstellt.

Die Beeinflussbarkeit der Beulung von großflächigen Bauteilen über die Geometrie wurde hierbei in Betracht gezogen und weiter analysiert. Dabei wurde die Relevanz der Warmfestigkeit der Werkstoffe im Bezug auf die Spannungsausbildung und des daraus resultierenden Beulverhaltens am Beispiel einer Stahl-Aluminium-Verbindung betrachtet. Die Erkenntnis dass die temperaturabhängigen Werkstoffeigenschaften sich erheblich auf das Verhalten einer Komponente im Mischverbund auswirken, wurde in den Betrachtungen berücksichtigt und die Berechnungen entsprechend ergänzt.

Neben der geometrischen Auslegung der Bauteile spielt die Fügetechnologie eine entscheidende Rolle auf das Beulverhalten. Diesbezüglich wurden die mechanische und die thermische Fügetechnik gegenübergestellt. Während die mechanischen Fügeverfahren einen vernachlässigbaren Temperatureintrag generieren, folgen aus den thermischen Prozessen zu berücksichtigende Vorschädigungen im Verbund. Zur theoretischen Betrachtung wurde ein Simulationsmodell auf die Problemstellung angepasst. Nach erfolgter Verifizierung des Modells mit Prozessanalysen aus Realversuchen, konnte hiermit die Beeinflussbarkeit der Oberflächenausbildung am Beispiel einer Stahl-Aluminium-Verbindung über variierende Bauteilgeometrien und –dicken dargestellt werden.

Auf Basis der theoretischen Betrachtungen wurde neben den geometrischen Einflussgrößen eine Fügefolge ausgearbeitet, welche hohe Temperaturen im Rahmen von Herstellprozessen spannungsfrei ermöglicht und den späteren Betriebsbelastungen gerecht wird. Hierdurch wird am Beispiel des Automobilbaus eine hohe Leichtbaugüte sichergestellt, da die Auslegung der Bauteile nicht auf die maximalen Temperaturen erfolgt, sondern nur der deutlich niedrigeren Betriebsbelastungen standhalten muss.

Anhand einer Modellstruktur, welche einen im Automobilbau von hohem Interesse betrachteten Anwendungsfall, das Fügen eines Aluminiumdaches in eine Stahlkarosserie, nachbildet, wurden die theoretischen Erkenntnisse übertragen und verifiziert. Die erkannten Zusammenhänge bestätigen die theoretischen Abhängigkeiten und zeigten auch die Beeinflussbarkeit über die werkstofflichen Eigenschaften insbesondere über die Dehngrenze. Im Weiteren haben die Versuche gezeigt, dass im Falle der thermischen Fügeprozesse eine deutlich höhere plastische Deformation über die Prozesskette entsteht, im Vergleich zur Variante mit mechanischer Fügetechnik. Aber auch bei deren Umsetzung zeigt sich, dass plastisches Beulverhalten entgegen der theoretischen Auslegung vorzeitig auftreten kann. Während die Berechnung einen idealen Fall annimmt, treten in der Realität Ungänzen durch z.B. Fertigungstoleranzen auf. Dies ist durch einen Sicherheitsfaktor vorzuhalten.

Um im Weiteren die Übertragbarkeit der auf einen realen Anwendungsfall prüfen zu können, wurden aus Stahl gefertigte Fahrzeugkarosserien mit einem Aluminiumdach versehen. Hierbei wurde zum einen ein Laserlötprozess in Kombination mit Flussmittel zum Einsatz gebracht und zum anderen auch das FDS-Schrauben dargestellt. Die theoretischen Betrachtungen haben sich auch an den Karosseriestrukturen bestätigt. Darüber hinaus wurde ebenfalls die aus den Berechnungen abgeleitete neue Fügefolge umgesetzt. Im konkreten Anwendungsfall für ein Aluminiumdach in einer Stahlstruktur konnte hiermit die Machbarkeit bestätigt und somit eine Lösung für die gegebene Aufgabenstellung erarbeitet werden.

Um den Fertigungsablauf zu optimieren wurde im Rahmen der Arbeit ein Befestigungskonzept für den Dachrahmen erarbeitet und patentiert. Dieses Konzept ermöglicht bei einer festen Anbindung von Dach zu Dachrahmen einen Längenausgleich zur Karosseriestruktur. Diese Lösung trägt maßgeblich zu einer Umsetzung in der Großserienfertigung bei und sollte in zukünftigen Untersuchungsprogrammen praxisnah validiert werden.

Anhand der Erkenntnisse, sowohl aus den theoretischen Betrachtungen, sowie den Verifizierungen an der Modellstruktur und den Fahrzeugkarosserien, wurden die Einflussgrößen der Fügbarkeit um deren Wirksamkeit ergänzt. Dies ist in der nachfolgenden Darstellung abschließend zusammengefasst.

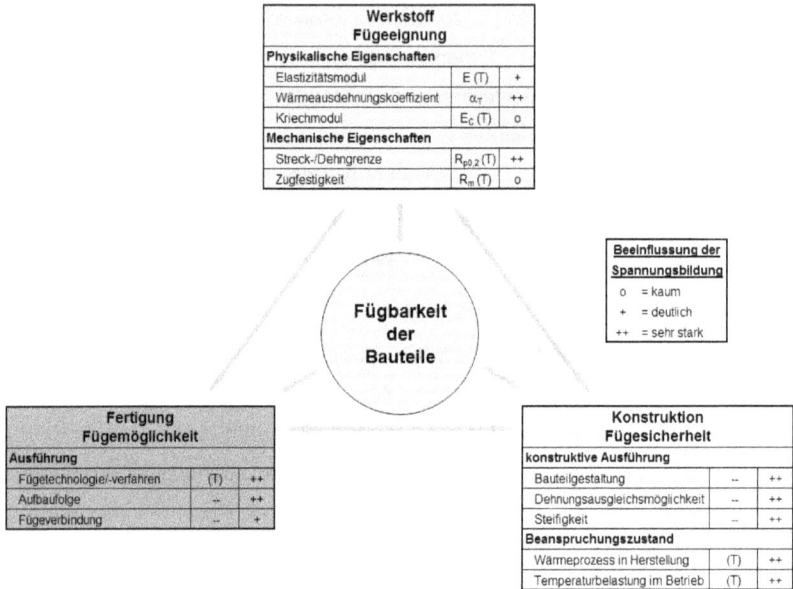

Abbildung 9-2: Fügbarkeit, Einflussgrößen und Wirksamkeit

In der Berechnung zur Beulsteifigkeit wurde zur Berücksichtigung der Einflüsse des Umformens der Einzelkomponenten, sowie der Fügetechnologie ein Sicherheitsfaktor eingeführt. Zielsetzung aktueller und zukünftiger Konstruktion ist es die Auslegungen von Bauteilen weiter an den Grenzbereich zu bringen, um das bestmögliche Leichtbauergebnis zu erzielen. Um dieser Forderung gerecht werden zu können, sind entsprechende Erkenntnisse zur Spannungsbildung aus Umform- und Fügeprozessen notwendig. In diesem Themenfeld sollte in zukünftigen Forschungsarbeiten ein Schwerpunkt gelegt und die Ergebnisse in Simulationsmodellen implementiert werden.

Darüber hinaus sollten sich weiterführende Forschungsarbeiten mit den temperaturabhängigen Werkstoffeigenschaften von Metallen, Nichtmetallen und faserverstärkten Kunststoffen beschäftigen. Der Einfluss auf das Beulverhalten konnte anhand einer Stahl-Aluminium-Verbindung deutlich gemacht werden, aber für viele aktuelle Werkstoffe liegen noch keine ausreichenden Erkenntnisse vor. Das Wissen hierüber ist eine entscheidende Voraussetzung für die erfolgreiche Umsetzung von Mischbaukonzepten.

10 LITERATURVERZEICHNIS

/1/   Audi AG:
Gründe für den Leichtbau
interne Unterlage
Neckarsulm, September 2001

/2/   Institut für Produktionstechnik – TU Dresden:
Fügbarkeit – Systemleichtbau in Mischbauweise
9. Dresdner Leichtbausymposium 16. – 18. Juni 2005
2005

/3/   Meschut, G; Friedrich H.:
Zukünftige Werkstoffe und Fügekonzepte für Automobilstrukturen in Mischbauweise
7. Dresdner Leichtbausymposium 26.-28. Juni 2003
2003

/4/   Öffentlicher Abschlussbericht (BMBF-Projekt):
Fügesystemoptimierung zur Herstellung von Mischbauweisen aus Kombinationen der Werkstoffe Stahl, Aluminium, Magnesium und Kunststoff
Öffentlicher Abschlussbericht
2003

/5/   Strasdat, B.:
Entwicklung und Trends von Fügetechniken für innovative Leichtbaukonzepte in neuen Karosseriestrukturen
Diplomarbeit
2003

/6/   Frahm, L.:
Entwicklung von innovativen Leichtbaustrukturen in neuen PKW-Karosseriestrukturen
Diplomarbeit
2003

/7/   Haldenwanger, H.-G.:
Zum Einsatz alternativer Werkstoffe und Verfahren im konzeptionellen Leichtbau von PKW-Rohkarosserien
Dissertation
1997

/8/   DFG-Forschergruppe 505.:
Hochleistungsfügetechnik für Hybridstrukturen
Berichtskolloqium
Produktionstechnisches Zentrum Hannover, November 2005

/9/   Pfaffmann, E.:
Internationale Technologie-Kooperation: Die Entwicklung der Spaceframe-Karosserie aus Aluminium des Audi Modells A8
Discussion Paper on International Management and Innovation
Stuttgart, August 2000

/10/   Ahlers-Hestermann, G.:
         Methodenmix für den erfolgreichen Leichtbau
         Böllhoff GmbH, Vortragsunterlagen
         Bielefeld

/11/   Ullrich, S.:
         Erhebung des Ist-Standes für die Verbindung von Stahl und Aluminium durch Schweißen und Löten
         Diplomarbeit
         TU Graz, April 2004

/12/   Ghanimi, Y.:
         Mischverbindung anhand niedrig und hochlegierter Stähle sowie Stahl-Aluminium-Verbindungen
         Vortragsunterlagen
         TU Graz, Februar 2005

/13/   Radscheidt, C.:
         Laserstrahlfügen von Aluminium und Stahl
         Dissertation
         Bremer Institut für angewandte Strahltechnik (BIAS), September 1996

/14/   Ostermann, F.:
         Anwendungstechnologie Aluminium
         2. neu bearbeitete und aktualisierte Auflage
         Springer-Verlag, 2007

/15/   Hornbogen, E., Warlimont, H.:
         Metalle, Struktur und Eigenschaften der Metalle und Legierungen
         5., neu bearbeitete Auflage
         Springer-Verlag, 2006

/16/   Berns, H., Theisen, W.:
         Eisenwerkstoffe – Stahl und Gusseisen
         3., vollständig neu bearbeitete und erweiterte Auflage
         Springer-Verlag, 2006

/17/   Audi AG:
         Effizienz und Sportlichkeit. Fragen und Antworten zum Thema CO_2
         interne Unterlage
         Ingolstadt, Mai 2007

/18/   U. Dilthey und Mitarbeiter:
         Schweißen von Aluminium (Kapitel 7)
         Materialsammlung zur Vorlesung
         Institut für Schweißtechnik und Fügetechnik, RWTH Aachen

/19/   Müller, M.:
         Einfluss der Einbringung von Zusatzwerkstoffen beim Laserschweißlöten von Stahl-Aluminium-Mischbauverbindungen für den Karosserieleichtbau
         Diplomarbeit
         Universität Bayreuth, Dezember 2003

/20/   Dilthey, U.:
         Schweißtechnische Fertigungsverfahren 2
         3., bearbeitete Auflage
         Springer-Verlag, 2004

/21/   Bargel, H.-J., Schulze, G.:
         Werkstoffkunde
         9. bearbeitete Auflage
         Springer-Verlag, 2005

/22/   Dilthey, U.:
         Schweißtechnische Fertigungsverfahren 1
         3., bearbeitete Auflage
         Springer-Verlag, 2005

/23/   Fahrenwaldt, H-J., Schuler, V.:
         Praxiswissen Schweißtechnik
         2., überarbeitete und erweiterte Auflage
         Vieweg-Verlag, 2006

/24/   Höfling O.:
         Physik, Formeln und Einheiten
         14. Auflage
         Aulis Verlag Deubner & Co Kg, Köln 1997

/25/   Haldenwanger, H.-G., Bergmann, H.-W., Waldmann, H.:
         Mischbauweise mittels Laserlöten, -schweißen sowie FEM-Simulation
         des Fügeprozesses und Schwingfestigkeitsnachweis
         Projekt III.2
         Universität Bayreuth; AUDI AG Ingolstadt

/26/   DIN 8593

/27/   ATZextra:
         Innovativer Werkstoffleichtbau in der Rohkarosserie
         Ausgabe November 2009, Seiten 56-61

/28/   Haldenwanger, H.-G.; Korte, M.; Schmid, G.; Walther, U.:
         Mischverbindungen im PKW-Karosseriebau
         Vortragsunterlage „Fügen von Stahlwerkstoffen"
         SLV München, 2001

/29/   Fritz, A. H.; Schulze, G.:
         Fertigungstechnik
         8. überarbeitete Auflage
         Springer-Verlag, 2008

/30/   Audi AG:
         Stahl und Aluminium Feinblechwerkstoffe deren Bezeichnungen und Ei-
         genschaften nach aktueller Normung
         Interne Unterlage
         Ingolstadt, Juni 2009

/31/   Audi AG:
         Interne Unterlagen
         Neckarsulm, März 2007

/32/   Ewering, M.:
         Prozessqualifizierung des Laserstrahllötens
         Diplomarbeit
         2006

/33/ Harloff, M.:
Prozessqualifizierung des Laserstrahlhartlötens von Aluminium-Stahl-
Verbindungen an Versuchskarosserien
Diplomarbeit
2007

/34/ Offenlegungsschrift
Verfahren zum thermischen Fügen zweier Bauteile
DE 10 2006 030 507 A1
Audi AG Ingolstadt

/35/ Patentschrift
Schweißverbindung zwischen einem Stahlblech-Bauteil und einem Alu-
miniumblech-Bauteil sowie Abdeckteil
DE 42 40 822 C1
Mercedes-Benz Aktiengesellschaft

/36/ Offenlegungsschrift
Dachrahmenstruktur an Kraftfahrzeugen
DE 101 52 478 A1
Volkswagen AG Wolfsburg

/37/ Übersetzung der europäischen Patentschrift
Dach für Kraftfahrzeug, und Kraftfahrzeug mit einem derartigen Dach
DE 60 2005 004 188 T2
Peugeot Citroën Automobiles S.A.

/38/ Europäische Patentschrift
Montageverfahren für ein Aluminiumdach auf die Seitenwände eines
Kraftfahrzeuges
EP 1 580 102 B1
Peugeot Citroën Automobiles S.A.

/39/ Offenlegungsschrift
Verbindungsstruktur für Fahrzeugkarosserie-Elemente
DE 10 2004 050 933 A1
Mitsubishi Jidosha Kogyo K.K.

/40/ Offenlegungsschrift
Verbund aus mindestens einem Leichtmetallbauteil und mindestens ei-
nem daran angeordneten Zusatzteil sowie Verfahren zu dessen Herstel-
lung
DE 197 46 165 A1
Volkswagen AG Wolfsburg

/41/ Offenlegungsschrift
Anordnung zur Verbindung eines Leichtmetallbauteiles mit einem Stahl-
bauteil und Verfahren zur Herstellung der Anordnung
DE 198 20 393 A1
Volkswagen AG Wolfsburg

/42/ Offenlegungsschrift
Anordnung zur Verbindung eines Leichtmetallbauteiles mit einem Stahl-
bauteil und Verfahren zur Herstellung der Anordnung
DE 198 20 394 A1
Volkswagen AG Wolfsburg

/43/   Patent Application Publication
Joining method and structure of metal members
US 2008/0173696 A1
Mazda Motor Corporation

/44/   Patent Application Publication
Roof structure for vehicle
JP2005271783 A2
Toyota Motor Corporation

/45/   Patent Application Publication
Roof structure
JP2005219599 A2
Toyota Motor Corporation

/46/   Offenlegungsschrift
Verfahren zum Verbinden von Bauteilen eines Kraftwagens
DE 10 2008 005 286 A1
Daimler AG Stuttgart

/47/   Offenlegungsschrift
Dachstruktur für ein Kraftfahrzeug
DE 10 2006 017 147 A1
Bayrische Motoren Werke AG München

/48/   Offenlegungsschrift
Verfahren zur Herstellung eines Kraftfahrzeugs in Modulbauweise
DE 103 60 350 A1
Volkswagen AG Wolfsburg

/49/   Offenlegungsschrift
Klebeverbindung
DE 103 47 652 A1
Volkswagen AG Wolfsburg

/50/   Offenlegungsschrift
Verfahren zur Herstellung eines Dachaufbaus eines Fahrzeuges in Mischbauweise
DE 199 39 978 A1
Volkswagen AG Wolfsburg

/51/   Offenlegungsschrift
Karosserieelement für ein Fahrzeug, insbesondere Dachmodul
DE 102 49 417 A1
Webasto Vehicle Systems International GmbH Stockdorf

/52/   Offenlegungsschrift
Vorrichtung und *Verfahren zum Fügen von Bauteilen mittels Kleben*
DE 10 2007 028 581 A1
Bayrische Motoren Werke AG München

/53/   Offenlegungsschrift
Fügeverbindung zwischen Blechbauteilen aus unterschiedlichen Werkstoffen
DE 199 39 977 A1
Volkswagen AG Wolfsburg

/54/	Beitz, W.; Grothe K.-H.: *Dubbel, Taschenbuch für den Maschinenbau* Zwanzigste, neubearbeitete und erweiterte Auflage Springer-Verlag, 2000
/55/	Wiedemann, J.: *Leichtbau, Elemente und Konstruktion* Dritte Auflage Springer-Verlag, 2007
/56/	Deutsches Institut für Normung *DIN 18800-3: Stahlbauten Teil : Stabilitätsfälle - Plattenbeulen* Deutsche Norm; November 2008
/57/	Thau, L.: *Grooved Mechanical Pipe-Joining Systems* Victaulic Company Inc.; Oktober 2009
/58/	Jousten, K.: *Wutz Handbuch Vakuumtechnik* 9.Auflage, Theorie und Praxis Vieweg-Verlag, 2006
/59/	Schott AG: *Schott technische Gläser* Physikalische und chemische Eigenschaften Veröffentlichung; www.Schott.de
/60/	P.M. Redaktion: *Wie kompensiert die Bahn die Längenausdehnung der Schienen infolge von Temperaturunterschieden?* P.M. Magazin, Ausgabe 03/2003
/61/	Rösler, J.; Harders, H.; Bäker, M.: *Mechanisches Verhalten der Werkstoffe* 3., durchgesehene und korrigierte Auflage Vieweg + Teubner, 2008
/62/	Müller, M.: *Prozesssicheres Montagekleben einer Aluminium-Stahl-Verbindung im Hinblick auf Einsatz unter Temperaturwechselbeanspruchung* Dissertation Shaker Verlag, Aachen 2009
/63/	Haberling, C.: *Berechnung lösbarer Leichtmetallverbindungen für Mono- und Mischbauweise im Automobilentstehungsprozess* Dissertation w.e.b. Verlag, Dresden 2004
/64/	Volkswagen AG: *Aluminium-Dach in einer Karosserie-Stahlstruktur* interne Unterlage Wolfsburg, Mai 2011

/65/   Schürmann, H.:
         Konstruieren mit Faser-Kunststoff-Verbunden
         2., bearbeitete und erweiterte Auflage
         Springer-Verlag, 2007

/66/   DIN EN ISO 8044

/67/   Nowottnik, M.:
         Zuverlässigkeit stoffschlüssiger Fügeverbindungen für Hochtemperatur-
         Elektronikbaugruppen
         Dresdner Fügetechnische Berichte, Band 13
         Universitätsdruckerei Rostock, 2006

/68/   Menzel, S.:
         Zur Berechnung von Klebeverbindungen hybrider Karosseriestrukturen
         beim Lacktrocknungsprozess
         Dissertation
         Dresden 2011

/69/   Gugisch, M.:
         Entwicklung einer hybriden Laserlötverbindung und deren betriebswirt-
         schaftlichen Betrachtung für den Serieneinsatz im Karosseriebau
         Projektarbeit
         Heilbronn 2005

/70/   Audi AG
         Aktenzeichen P10058
         internes Dokument
         Neckarsulm 2012

/71/   Meyer, R.:
         Erhöhung der Prozesssicherheit durch Beherrschung der Bauteilabwei-
         chung beim Fügen im Karosseriebau
         Dissertation
         Dresden 2012

/72/   Rothe, J.:
         Korrelation zwischen FE-Analyse und Versuch beim Lebensdauernach-
         weiß geschweißter Aluminiumbauteile
         Dissertation
         Dresden 2006

/73/   Durst, K. G.:
         Beitrag zur systematischen Bewertung der Eignung anisotroper Faser-
         verbundwerkstoffe im Fahrzeugbau
         Audi Dissertationsreihe, Band 3
         Stuttgart 2008

/74/   Reek, A.:
         Strategien zur Fokuspositionierung beim Laserstrahlschweißen
         Forschungsberichte iwb, Band 183
         Herbert Utz Verlag 2000

/75/   DIN EN 573-3

/76/   DIN EN 10152